**비행기를 만든 사람들**

# 비행기를 만든 사람들

**초판 1쇄 발행일** 2019년 7월 29일
**초판 3쇄 발행일** 2020년 12월 18일

**지은이** 유지우
**펴낸이** 이원중

**펴낸곳** 지성사 **출판등록일** 1993년 12월 9일 **등록번호** 제10-916호
**주소** (03458) 서울시 은평구 진흥로 68(녹번동) 정안빌딩 2층(북측)
**전화** (02) 335-5494 **팩스** (02) 335-5496
**홈페이지** www.jisungsa.co.kr **이메일** jisungsa@hanmail.net

ISBN 978-89-7889-419-7 (43500)

잘못된 책은 바꾸어 드립니다. 책값은 뒤표지에 있습니다.

이 도서의 국립중앙도서관 출판예정도서목록(CIP)은 서지정보유통지원시스템 홈페이지(http://seoji.nl.go.kr)와
국가자료종합목록 구축시스템(http://kolis-net.nl.go.kr)에서 이용하실 수 있습니다.
(CIP제어번호 : CIP2019028006)

이 시리즈는 산업통상자원부의 지원을 받아
NAEK한국공학한림원과 지성사가 발간합니다.

청소년을 위한 과학 읽기

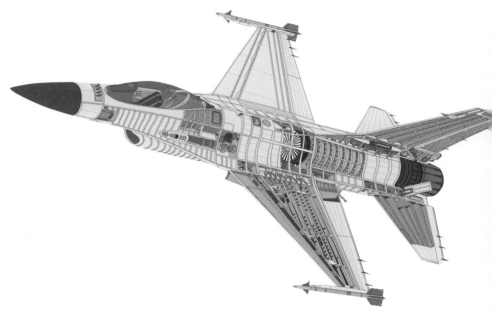

# 비행기를
## 만든
## 사람들

|유지우 지음

들어가는 글

이 책을 준비하던 중이었습니다. 잘 아는 교수님 한 분이 "자동차 엔지니어가 왜 비행기에 관한 이야기를 쓰고 있냐"고 물으셨습니다. 결론적으로 말하면, 이 책은 비행기에 대한 이야기가 아닙니다. 이 책은 비행기를 만든 사람들에 대한 이야기입니다.

이 책에서는 항공기가 세상에 태어날 즈음에, 평범했던 개인들이 어떻게 이 새로운 기계로 자신의 꿈을 이루려 고군분투했는지를 들려드릴 것입니다. 그 하나하나의 이야기가 저에게 큰 감동을 주었듯이 여러분에게도 같은 울림을 줄 수 있기를 기대합니다.

이 책에 등장하는 엔지니어 중에는 라이트 형제Wright brothers처럼 인류 최초로 비행기를 만드는 것에는 성공했지만 그 열매를 다 자기 것으로 거두지 못한 사람도 있고, 시코르스키Sikorsky처럼 평생을 걸쳐 자신의 꿈을 이룬 사람도 있으며, 미첼Mitchell처럼 자신이 만든 비행기의 성공을 미처 보지 못하고 일찍 세상을 떠난 사람도 있었습니다. 그러니 이 책의 이야기는 위대한 엔지니어이자 평범한 사람들의 이야기라고도 할 수 있습니다.

약 15년 전, 영국 남쪽의 작은 마을에서 백 세를 눈앞에 둔 할머니 한 분을 뵌 적이 있습니다. 그분은 체펠린Zeppelin이 개발한 비행선의 런던

공습을 피해 그곳으로 피난을 오셨다가 머물러 사신 분이었습니다. 낭만적인 여객기로 시작하여, 제1차 세계대전에서는 살상용 무기로 사용된 전설 속의 그 비행선을 실제로 목격한 분을 만나다니, 정말 놀라운 일이었습니다.

처음에는 할머니 장수의 비밀이 궁금했으나, 생각을 거듭할수록 한 세대가 끝나기도 전에 변모한 항공 기술의 발전이 정말 기적이라는 생각이 들었습니다. 그 기적이 궁금했습니다. 이 책에서는 그 궁금증이 조금 풀릴 수 있게 글라이더를 만들던 시절부터 제2차 세계대전 직후까지 개발된 항공기에 얽힌 여러 사람과 사건들을 찾아 내용에 담았습니다.

하늘을 날고 싶다는 욕망으로 인간은 새를 관찰하며 모방을 시작했고, 목숨을 걸면서까지 수많은 시행착오를 거치며 비로소 오늘날에 이르렀습니다. 곧 인간의 꿈과 상상과 모험심이 항공의 역사가 되었습니다.

우리가 알지 못한 많은 사람들이 긴 시간 동안 항공의 역사를 만들고 있었을 것입니다. 그들을 지금 우리는 과학자 또는 기술자라고 부릅니다. 이 글이 인류의 꿈에 날개를 달아준 그들을 다시 생각해 보는 기회가 되길 바랍니다. 또 과학자와 엔지니어를 꿈꾸는 청소년에게도 긍정적인 도움이 되기를 희망합니다. 더불어 작은 개선을 이루기 위해 밤낮을 가리지 않고 열심히 일하고 있는 모든 동료 엔지니어에게 작은 위안이 되길 바랍니다.

혁신은 한 번에 이루어지지 않고 조금씩 이루어 가는 것이며, 또한 여러 사람이 이루어 가는 것임을 이 책에서 이야기하고 싶었습니다. 그들은 오늘도 혁신을 이루어 가고 있답니다.

이 책을 준비하는 동안 주말이면 늘 컴퓨터 앞에만 앉아 있던 나를 이해해 주고 응원해 준 아내 윤경에게 감사와 사랑을 전합니다.

이 책에는 대부분 미국, 영국 그리고 독일과 관련된 인물들이 소개되어 있다. 항공기 개발의 역사적 특수성으로 자연스럽게 그렇게 되었다. 또한 이 나라들과 관련된 자료가 다른 나라, 예를 들면 러시아, 이탈리아보다 훨씬 많은 것도 인물 선정에 영향을 주었다. 그러나 이름만 잠깐 소개되는 인물도 모두 중요하다고 생각한다. 언젠가 그들도 자세하게 소개하는 기회가 오기를 희망한다.

내용의 순서는 대체로 역사적인 순서대로 정리하고자 했다. 각 인물 속에서도 시간 순서대로, 그 밖의 사건도 되도록 역사적인 순서대로 정리하고자 했다. 다만, 내용의 완성도 관점에 따라 일부는 이러한 규칙에 맞지 않을 수도 있다.

이 책에는 엄격한 구별이 필요한 경우를 제외하고는 '항공기'와 '비행기' 용어를 섞어서 사용했다. 예를 들면, 항공기에는 고정익기인 비행기와 헬리콥터 같은 회전익기가 포함된다고 하겠다. 항공기를 직접 조종하는 'pilot'은 문맥에 맞게 파일럿, 조종사, 비행사 가운데 적당한 것으로 적었다.

이 책의 외래어의 우리말 표기는 국립국어원의 외래어 표기법에 따랐고, 읽는 이의 편의를 위해 우리말을 먼저 적고 외국어를 적었다. 중요한 인물의 경우 생몰년을 표기했다.

차례

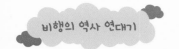

## 항공 개척시대

| 1896년 08월 10일 | 릴리엔탈, 글라이더 비행 중 추락하여 사망 |
|---|---|
| 1900년 07월 02일 | 체펠린의 첫 비행선 LZ 1, 첫 제어 비행에 성공 |
| 1903년 12월 17일 | 오빌 라이트, 37미터를 비행하여 인류 최초로 동력 비행에 성공 |
| 1906년 10월 23일 | 산투스두몽, 14비스 유럽에서 최초로 60미터 비행에 성공 |
| 1908년 01월 13일 | 파르망, 유럽 최초로 1킬로미터 선회 비행 성공 |
| 1908년 07월 04일 | 커티스, '준 버그' 호를 타고 1킬로미터가 넘는 거리 비행에 성공 |
| 1908년 08월 08일 | 월버 라이트, 프랑스 르망 지역에서 경사 선회 비행 시범에 성공 |
| 1909년 07월 25일 | 블레리오, 세계 최초로 영국 해협 비행 횡단 |
| 1909년 08월 22일 | 프랑스에서 최초의 항공대회인 랭스 항공대회 개최(22~29일) |
| 1910년 03월 28일 | 프랑스인 파브르의 수상 비행기가 세계 최초로 물에서의 이착수에 성공 |
| 1910년 11월 14일 | 미국 순양함 버밍햄(USS Birmingham) 호에 커티스의 비행기가 이함에 성공 |
| 1911년 01월 18일 | 미국 순양함 펜실바니아(Pennsylvania) 호에 커티스의 비행기가 착함에 성공 |
| 1911년 02월 18일 | 인도 아라하바드(Allahabad) - 나이리(Nairi) 간 최초 세계 공식 우편 비행 |
| 1911년 06월 27일 | 비치, 커티스 비행기를 타고 나이아가라 폭포 다리 아래 통과 |
| 1912년 02월 21일 | 라이트 형제가 커티스에 대한 소송에서 승리했으나, 커티스는 항고함 |
| 1912년 05월 30일 | 월버 라이트, 장티푸스로 세상을 떠남 |
| 1913년 05월 13일 | 시코르스키, 4발 엔진 비행기 그랑 호 비행 성공 |

## 제1차 세계대전

| 1914년 07월 28일 | 제1차 세계대전 발발 |
|---|---|
| 1914년 08월 30일 | 제1차 세계대전에서 독일의 단엽기 타우베, 파리 폭격 |
| 1915년 01월 19일 | 3척의 체펠린 비행선, 처음으로 영국 본토 폭격 |
| 1915년 12월 12일 | 최초의 완전 금속제 비행기 융커스 J 1, 독일에서 첫 비행에 성공 |
| 1918년 11월 11일 | 제1차 세계대전 종료 |

## 항공 황금시대

| 1919년 06월 15일 | 올콕과 브라운, 비커스 비미Vickers Vimy를 타고 대서양 논스톱 횡단 |
|---|---|
| 1919년 06월 28일 | 베르사유 조약 조인 |
| 1922년 12월 10일 | 한국인 안창남, 뉴포르 15를 타고 여의도에서 이륙하여 한국인 처음으로 한반도 상공 비행 |
| 1923년 08월 21일 | 드 하빌랜드de Havilland DH4B 비행기, 뉴욕-샌프란시스코 미국 횡단 우편 비행 개시 |
| 1926년 09월 08일 | 융커스 G24, 베를린-모스크바-베이징에 이르는 1만 킬로미터 운항에 성공 |
| 1927년 05월 21일 | 린드버그, 라이언 단엽기를 타고 대서양 무착륙 단독 횡단 |
| 1929년 09월 24일 | 둘리틀, 15분간의 계기 비행에 성공 |
| 1930년 07월 23일 | 커티스, 52세에 세상을 떠남 |
| 1931년 09월 29일 | 슈퍼마린 S.6B, 시속 400마일 속도를 통과 |
| 1932년 05월 20일 | 에어하트, 록히드 베가 5B를 타고 여성 세계 최초로 대서양 단독 비행 |
| 1933년 07월 22일 | 포스트, 록히드 베가 5C를 타고 세계 최초로 단독 세계 일주 비행에 성공 |
| 1934년 10월 23일 | 이탈리아의 마키 M.C. 72, 시속 700킬로미터 속도를 통과 |

**1935년 01월 12일**     에어하트, 록히드 5C를 타고 세계 최초로 태평양 단독 횡단 비행

**1937년 05월 06일**     독일 비행선 힌덴부르크 호, 미국 뉴저지 주에서 화염에 휩싸이
며 추락

**1938년 08월 11일**     포케-불프 Fw 200 콘도르Kondor, 뉴욕-베를린 간 논스톱 비행
성공

**1938년 12월 11일**     최초의 성층권 여객기 B-307, 시험 비행에 성공

**1939년 04월 26일**     독일의 메서슈미트 Me 209, 시속 751.7킬로미터 기록 달성

### 제2차 세계대전

**1939년 09월 01일**     독일의 폴란드 침공으로 제2차 세계대전 발발

**1940년 07월 10일**     독일의 침공으로 영국 영공에서 공중전이 10월 말까지 지속됨:
브리튼 전투(영국 본토 항공전)

**1941년 05월 06일**     시코르스키의 헬리콥터 VS300, 1시간 30분 호버링에 성공

**1942년 07월 18일**     최초의 실용 제트기 메서슈미트 Me 262, 첫 비행에 성공

**1945년 08월 15일**     일본의 무조건 항복으로 제2차 세계대전 종전

### 음속시대

**1947년 10월 14일**     미국 공군의 시험 비행사 예거, 벨 X-1을 타고 음속 돌파

**1948년 01월 30일**     오빌 라이트, 세상을 떠남

# 01

# 릴리엔탈Otto Lilienthal

## : 무동력 비행의 선구자

■ ■ ■

라이트 형제 이전에 하늘을 난다는 것은 열기구처럼 '공기보다 가벼운lighter-than-air' 장치를 이용하는 것이었다. 공기를 뜨겁게 하는 방식으로 움직이지 않는 상태에서 열기구는 공중에 떠 있을 수 있었지만, 자유롭게 이동한다는 의미에서 보면 자동차와 같은 기계는 아니었다. 동력을 이용하여 공중에서 자동차처럼 자유롭게 이동하는 '공기보다 무거운' 장치, 곧 항공기를 처음 만든 사람은 라이트 형제이다.

하지만 이러한 발명이 라이트 형제의 노력만으로 어느 날 갑자기 이루어진 것은 물론 아니다. 르네상스 시대의 레오나르도 다 빈치가 이미 나는 것을 연구했다고 알려졌듯이, 이 기계를 만들기 위해 많은 사람들의 노력이 있었다. 그들의 노력으로 라이트 형제는 불필요한 수고를 줄일 수 있었고, 그들 생애에 비교적 쉽게 동력 비행에 다가설 수 있었다.

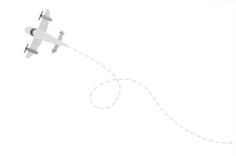

# 새인간

라이트 형제Wright brothers가 '공기보다 무거운heavier-than-air' 장치를 이용한 동력 비행을 시작하기 전, '공기보다 무거운' 무동력 비행 장치를 연구한 많은 선구자들이 있었다. 그중에서 대표적인 사람을 꼽는다면, '새인간birdman'으로 불린 독일인 오토 릴리엔탈(Otto Lilienthal, 1848~1896)이다.

1900년이 다가오는 그 시기에는 이미 증기기관차가 대표적인 교통수단이었고, 증기기관이 가장 일반적으로 사용되는 동력장치였다. 당연히 증기기관을 이용하여 비행이 가능하다고 믿는 사람들이 많았고, 실제로 꽤 많은 사람들이 그러한 시도를 했다.

프랑스의 전기 엔지니어 클레망 아더Clément Ader는 프랑스군의 자금 지원을 받아 박쥐 모양을 본떠 20마력(hp, horsepower) 증기기관 2개를 장착해 아비옹 III(Avion III. Avion은 '비행기'란 뜻)를 만들었다. 그러나 이 기계는 결코 날지 못했다.

클레망 아더의 아비옹 III(1897년 2월, 20마력 증기기관을 장착한 비행기)

오토 릴리엔탈

글라이더로 비행 직전의 오토 릴리엔탈

이런 분위기에서 동력 없이 날개만 달고, 뛰어 달려가 날아 보려던 오토 릴리엔탈은 미친 사람 또는 괴짜로 취급받았다. 당시에는 뭔가 기계장치가 있거나 엔진이 돌아가야만 그럴듯했던 것이다. 16쪽 아래 사진을 보면 그는 정말 미친 사람처럼 보인다. 그러나 비행 원리 연구에서 보면, 사실 그는 당시의 그 어느 누구보다 더 체계적이고 과학적이었다.

그는 정식으로 공학 교육을 받은 뒤 다양한 방면에서 엔지니어로 활동하면서도 새의 해부학적 연구와 새의 비행에 관한 관찰을 계속했다. 마침내 41세인 1889년, 그 결과를 정리하여 유명한 책 『비행술의 기초가 되는 새의 비행Der Vogelflug als Grundage der Fliegekust』(Bird flight as the Basis of Aviation)을 출간했다(이 책은 지금도 아마존에서 구입할 수 있다). 그의 연구는 후대에 중요한 결과를 전하게 된다. 바로 '날개 단면의 곡선은 공중에 떠 있게 하는 힘인 **양력**을 일으키는 데 절대적으로 중요한 역할을 한다'는 것이었다.

'**양력**'이란 조금 어려운 이 낱말을 우리말로 풀어 쓰면 '상승하는 힘lift'이라고 할 수 있다. 한자 양揚은 '하늘로 오르다'란 뜻이다. 항공기가 날려면 어떤 식으로든 양력이 있어야 하고 자체 무게 때문에 땅으로 떨어지려는 '중력'을 이겨내야 한다.

이 두 가지 힘 외에도 공기 속에서 물체가 움직일 때 저항하는 힘인 '항력drag'이 생겨 비행에 방해가 되는데, 이를 이겨내려면 프로펠러 등으로 충분한 추진력을 만들어내야 한다. 날개가 고정된 고정익기는 주익(주날개)이 주로 양력을 만들어내고, 날개가 돌아가는 회전익기(헬리콥터)는 회전날개에서 양력을 만들어낸다. 날개의 단면 형상aerofoil은 양력을 높이는 데 중요한 역할을 한다.

# 글라이더를 만들다

릴리엔탈은 날개에 관한 연구를 시작하여 직접 비행하는 시험을 시도하기로 한다. 처음에는 새처럼 날개를 상하로 움직이는 기계를 검토했으나, 곧 날개가 고정된 글라이더 형태를 띤 기계의 잠재력을 알아차렸다. 즉, 고정된 날개만으로도 양력을 만들어 비행이 가능하다는 것을 알게 된 것이다. 1891년부터 그가 사망하기 전까지 각각 다른 글라이더 16가지를 제작했는데 대부분 날개가 하나인 단엽기monoplane였지만 몇 가지는 날개가 두 개인 복엽기biplane였다.

그가 제작한 글라이더는 부서지기는 쉽지만 가벼운 버드나무와 대나무 뼈대 위에 면직물을 덮은 구조였다. 새의 뼈대를 참고했고, 양력을 높이기 위한 형상도 새의 날개에서 힌트를 얻은 것이었다. 1894년 그의 비행 기계에 관한 미국 특허에서 이를 확인할 수 있다.

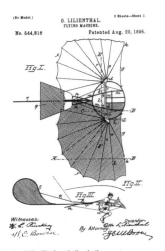

릴리엔탈의 미국 특허: 비행 기계(Flying-Machine, 1894년)

## 2천 회가 넘는 시험

그는 베를린 근처에 손수 만든 인공 언덕에서 시험을 거듭했는데, 무려 2천 회가 넘는 시험을 했다고 알려졌다. 상승기류를 이용해 역풍 상태에서 글라이더를 체공했는데 이때 찍은 사진이 지금도 남아 있다. 가장 긴 거리는 350미터 정도로, 이 기록은 그가 생존할 때까지 깨지지 않았다. 실험을 체계적으로 반복하여 공기역학적으로 의미 있는 시험 자료를 얻어냈고, 이는 라이트 형제를 포함한 후대의 엔지니어들에게 귀중한 자료가 되었다.

글라이더는 무게중심을 이동하면서 조종했는데, 현대의 글라이더에도 이 개념이 이어지고 있다. 이 가운데 가장 성공을 거둔 11호 글라이더는 대량으로 제작되어 많은 사람들에게 판매되었다.

**글라이더로 비행하는 릴리엔탈**

바람에 의지하는 무동력 시험은 매우 위험해 몸에 보호 장치를 착용해야 했다. 1896년 8월 9일, 여느 날과 다름없이 릴리엔탈은 글라이더 시험에 나섰다. 순간 갑자기 돌풍이 휘몰아쳐 글라이더에 탄 릴리엔탈은 돌풍에 휘말려 땅으로 곤두박질쳤고, 그다음 날 사망했다.

그의 비행 시험과 관련 사진들이 미국 등 여러 나라에 알려졌고, 프랑스 태생의 미국 항공기술자인 옥타브 샤누트Octave Chanute 등 그의 글라이더 시험은 여러 연구자들에게 계승되었다. 라이트 형제도 마찬가지로 그의 연구 덕분에 엔진을 장착하기 전 매우 어려운 문제들의 상당 부분을 해결할 수 있었다.

독일 베를린 테겔 공항Flughafen Berlin Tegel의 정식 명칭은 그의 이름을 딴 '베를린 테겔 오토 릴리엔탈 공항Flughafen Berlin-Tegel Otto Lilienthal'이다.

# 02

# 라이트 형제와 커티스
## Wright brothers & Glenn Curtiss

### : 미국 항공의 라이벌

■ ■ ■

라이트 형제가 어떻게 동력 비행이 가능한 '공기보다 무거운' 기계를 처음으로 만들었는지 우리는 이미 대략적으로 알고 있다. 이제 그 발명 과정을 좀 더 상세하게 들여다보기로 하자. 뿐만 아니라 발명 후에 형제가 겪은 일들, 특히 형제와 경쟁을 벌인 이들의 이야기를 함께 살펴보기로 한다.

경쟁자 가운데 글렌 커티스Glenn Curtiss는 대표주자이면서 항공 역사상 빼놓을 수 없는 중요한 인물이다. 이 두 진영 간의 치열했던 싸움은 아직까지 역사의 논쟁거리로 남아 있다.

비행기를 세상에 처음 선보인 것은 라이트 형제였지만, 오히려 형제 때문에 미국의 항공기 기술 발전이 유럽보다 늦어졌다고 할 수 있다. 형제를 둘러싼 여러 사람의 이야기에서, 비행기 개발 초기에 어떤 일들이 있었는지 살펴보기로 한다.

## 비행기 움직임에 대한 간단한 이해

라이트 형제와 그 시대의 경쟁자들이 어떻게 비행기를 개발했는지를 좀 더 잘 이해하려면, 먼저 비행기의 움직임을 표현하는 간단한 용어에 익숙해질 필요가 있을 것 같다. 이해를 돕는 데 꼭 필요한 용어를 간단히 소개하기로 한다.

물체의 움직임과 자세에 대한 정보를 완전히 알려면 그 물체의 직선 방향 움직임 세 가지(전후, 좌우, 상하 방향)뿐만 아니라, 그 물체가 어느 방향으로 회전하는지를 알려주는 회전 움직임 세 가지를 알아야 한다.

비행기가 공중에서 자유롭게 방향을 바꾸려면 회전 움직임이 특히 중요하다. 비행기의 이 세 가지 회전 움직임을 보통 피치pitch, 롤roll, 요yaw라고 한다. 우리말로는 각각 키놀이, 옆놀이, 빗놀이로 표현하지만 많은 사람들이 영어 단어를 그대로 사용한다. 피치, 롤, 요는 비행기뿐만 아니라, 자동차 등과 같이 움직이는 물체의 회전 움직임을 표현하는 일반적인 용어이다.

다음 그림은 비행기에서 피치, 롤, 요가 어떤 움직임을 의미하는지를 나타내고 있다. 이 책에는 비행기의 롤roll, 롤링rolling 또는 '좌우 거동'이라는 표현이 자주 나온다. 이 거동은 모두 같은 움직임을 뜻하는데, 오른쪽 날개가 위로 움직일 때 왼쪽 날개가 아래로 움직이거나 또는 그 반대의 움직임(거동)을 의미한다.

# 비행기의 움직임(거동)을 표현하는 용어

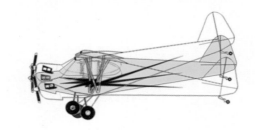

피치pitch 거동

롤roll 거동

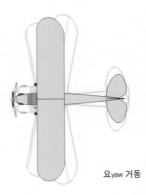

요yaw 거동

비행기의 승강타, 수직타, 보조날개

비행 중에 방향을 바꾸려면 비행기는 승강타(엘리베이터elevator), 수직타(러더rudder)와 함께 보조날개(에일러론aileron) 장치가 필요하다. 이 용어들도 이 책에 자주 등장한다. 위의 그림은 우리가 보통 이용하는 여객기에 부착되어 있는 이 장치들이다. 이 장치들을 움직이면 공기에 따른 저항력이 바뀌고, 결과적으로 비행기가 움직이는 방향이 바뀐다. 현대의 모든 비행기는 거의 이 그림과 비슷한 위치에 이 장치들이 부착되어 있다.


## 비행기가 비행 중 방향을 바꾸는 경사 선회

꼬리날개에 붙어 있는 승강타는 피치, 수직타는 요를 조종하는 데 사용된다는 것을 비행기의 형태에서 미루어 짐작할 수 있다. 그러나 보조날개는 비행기 형태만으로는 어떤 거동에 영향을 주는지 곧바로 알기 어렵다.

보조날개는 앞으로 움직이는 비행기의 비행 방향을 자연스럽게 왼쪽 방향이나 오른쪽 방향으로 바꾸는 데 중요한 기능을 한다. 이를 **경사 선회**banked turn 비행이라고 하는데, 좌우의 보조날개를 각각 상하의 반대 방향으로 움직이면 비행기가 자연스럽게 자세를 바꾸고, 결과적으로 롤 거동이 생기면서 진행 방향이 바뀐다(그림 참조). 마치 자전거의 방향을 바꾸려고 할 때, 바꾸려는 방향으로 운전자가 몸을 기울이는 것과 같은 이치이다.

비행기는 실제로 수직타 없이 보조날개만으로도 경사 선회 비행으로

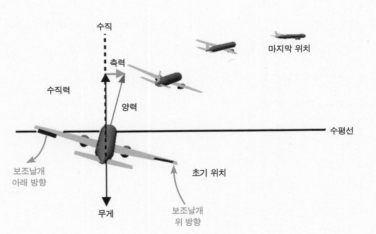

**경사 선회의 개념**. 보조날개에 따른 비행기 자세 변화로 기체의 방향이 바뀌면서 경사 선회 움직임으로 이어진다. 라이트 형제는 경사 선회를 위해 보조날개 대신 날개 전체를 직접 비트는 방식을 이용했다.

방향을 바꿀 수 있다. 이 경사 선회의 비밀을 알아내고 비행기 조종에 이 기술을 처음 적용한 이들이 바로 라이트 형제이다. 형제는 당시 보조날개를 직접 적용하지 않고, 보조날개 대신 날개 전체를 비트는 방식으로 이 기술을 구현했다. 이른바 날개 와핑(wing warping, 날개 비틀기)이란 기술이다.

## 라이트 형제의 첫 동력 비행이 성공한 1903년

라이트 형제의 첫 비행 100주년인 2003년 12월, 〈한국일보〉에 다음과 같은 기사가 실렸다.

> 100년 전 오빌 라이트를 태우고 12초 동안 공중에 머물렀던 '플라이어The Flyer'의 비행을 재현하는 행사가 실패로 끝났다. 17일 라이트 형제가 인류 첫 비행에 성공한 미국 노스캐롤라이나 주 키티호크 킬 데블 힐에서는 가솔린 엔진을 단 100년 전의 '플라이어'를 본뜬 모형체가 재현 비행에 나섰다. 모형체는 나무로 만든 활주로를 힘차게 미끄러져 나갔지만 결국 뜨지 못하고 진흙 속에 처박혔다.

라이트 형제가 첫 동력 비행에 성공했던 플라이어Flyer 호는 지금의 비행기에 비하면 아주 초보적인 수준의 비행기이다. 그럼에도 100년 후 이를 재현한 비행기의 비행이 실패로 돌아갔다는 기사이다. 이는 같은 설계 자료로 제작했다 하더라도 그들의 노하우를 충분히 살려내지 못했기

윌버 라이트(왼쪽)와 오빌 라이트(오른쪽)

때문일 것이다.

당시의 비행 원리는 지금의 비행기와 다르지 않았겠지만, 플라이어 호
는 수많은 시험과 시행착오를 거쳐 탄생한 것이었기 때문이다. 이렇듯
끊임없었던 그들의 노력을 거슬러 가보기로 하자.


## 성숙된 여건

1900년대 초, 그 누가 보더라도 항공기가 곧 인류의 신기술이 되리라
는 것은 필연적이었다. 마치 시나브로 우리에게 다가온 휴대전화와 다르
지 않다. '공기보다 무거운' 기계가 하늘을 날 수 있는 여러 가지 여건이
무르익고 있었다.

다시 말해, 무게를 줄이고도 효율이 높아진 가솔린 내연기관, 오토 릴리엔탈과 같은 사람들의 노력으로 무동력으로도 공중에 오랜 시간 떠 있게 된 기체, 통신기술의 발전으로 유럽과 미국이 공유하게 된 신기술 정보, 그리고 이런 기술들이 필요한—자국의 이익을 위해 곧 전쟁을 벌이는—산업국가들. 이렇게 하늘을 나는 기계가 지구 어디에선가 만들어질 여건은 갖추어져 있었다. 그렇다고 라이트 형제의 이 발명이 우연히 이루어졌다고 평가절하해서는 안 된다.

'공기보다 무거운' 기계를 하늘에 날리는 데 필요한 것은 어찌 보면 천재성보다는 끈질긴 지속성이었을지도 모른다. 윌버 라이트(Wilbur Wright, 1867~1912)는 거의 병적으로 이 일에 집착했고, 이러한 끈질김이 결국 성공의 길을 열었을 것이다.

> 수년간, 나는 인류가 하늘을 나는 것이 가능하다는 믿음에 시달려왔다. 이 병은 점점 심각해졌고, 나는 이것이 내 인생, 또는 그것이 아니라면 엄청난 돈을 감수해야 할 것이라고 느끼고 있었다.
>
> 윌버 라이트, 1900년

이는 그저 단순히 그렇다는 말이 아니라, 실제로 형제가 시행한 시험 횟수로 보여준다. 예를 들면, 그들은 비행기의 날개 단면 형상을 연구하기 위해 수백 개의 형상을 만들어 시험했다고 전한다.

## 형제의 가정환경

형제의 아버지 밀턴 라이트Milton Wright는 복음주의 교회의 주교Bishop
였다. 교회는 진보적이었지만 그의 성격은 보수적이고 비타협적인 편이
었다. 셋째인 윌버는 성격을 포함해 여러 가지 면에서 아버지를 닮았다.
그는 예일Yale 대학교로 진학하려는 꿈을 접고 몸이 아픈 어머니를 돌보
려고 고향에 남았다.

교회 내부의 분쟁을 겪으면서 라이트 가족은 교회와 관련하여 많은 것
을 잃었고, 아버지를 도와 교회밖에 몰랐던 윌버는 교회를 떠나 새로운
직업을 찾기로 한다.

손재주가 뛰어난 오빌 라이트(Orville Wright, 1871~1948)는 인쇄기를 만들
어 인쇄물을 발행해 오다가 1889년 어머니가 세상을 떠나자 형제는 본격
적으로 의기투합을 하게 된다.


## 비행기 이전에 그들이 접한 것

비행기 이전에 그들이 접한 것은 자전거였다. 기존의 자전거는 바퀴가
크고 높아서 불안정했고 불편했지만, 1887년 당시 현대의 자전거와 거의
비슷한 형태의 자전거가 도입되자마자 선풍적인 인기를 끌었다. 1892년
에 자전거를 구입하여 직접 타고 다녔던 라이트 형제는 자전거의 사업성
을 바로 알아차렸다.

1896년, 오빌은 인쇄업을 그만두고 자전거 제조회사로 변경했다. 기계

에 관한 이해가 뛰어났던 형제는 바로 혁신적인 자전거를 개발하기 시작했다. 마침내 윤활유가 유지되는 바퀴와 역전 브레이크(페달을 거꾸로 밟으면 제동이 되는 기능) 같은 기능을 개발했다.

무엇보다 자전거를 접한 경험이 비행 실험에 크게 도움이 되었다. 자전거 사업을 하면서 비행기 제작을 위한 투자뿐만 아니라 자전거를 이용하여 다양한 실험을 할 수 있었다. 자세 제어에서 본질적으로 불안정한 자전거로 조종과 안정성을 파악했고, 성공적으로 제어하기 위해 강도와 제작 관점 등에 관한 통찰력을 얻을 수 있었다.

윌버는 비행의 핵심이 기계를 안정되게 조종control하는 것에 있음을 깨닫고, 조종 안정성을 확보하려면 비행기가 기본적으로 불안정한 상태unstable로 움직인다는 것을 이해해야 한다고 생각했다. 이 생각이야말로 가장 비약적인 접근이었다. 즉, 비록 양력은 없었지만 비행기와 마찬가지로 자전거도 안정성stability이 가장 중요한 요소였다.

당시 대부분의 사람들은 바로 이 부분을 놓치고 있었다. 자전거를 탈 때 선회각(bank angle. 방향을 바꾸기 위해 자전거를 옆으로 기울이는 것을 의미)을 주지 않으면 좌우로 방향을 바꾸기 어려운 것과 마찬가지로, 비행기도 선회를 위해 선회각을 주어야 한다는 점에서 매우 비슷했다.

사실, 자전거 타기와 비행기의 유사점을 처음 안 사람은 윌버가 아니었다. 미국인 제임스 민스James Means는 항공잡지 〈항공기술 연보Aeronautical Annual〉 1896년 판에서 "자전거를 타려면 균형 잡는 방법을 배워야 하고, 비행기를 조종하려면 균형 잡는 법을 알아야 한다"고 했다. 지금에야 이해가 되지만, 당시 이 말을 이해한 사람은 별로 없었을 것이다.

이러한 출발점은 곧 당대에 제도교육을 받았던 엔지니어들보다 비행

본질에 대한 접근과 개발 과정에서 유리하게 작용했다. 예를 들면, 뒤에서 다룰 새뮤얼 랭글리Samuel Langley 교수는 당대 최고의 과학자였지만, 라이트 형제와 같은 통찰력을 지니지는 못했다. 랭글리 교수는 그저 비행기를 자동차처럼 멈춘 순간에 곧바로 움직일 수 있는 어떤 것이라고 생각했던 듯하다.

많은 사람들은 라이트 형제가 이론에 대한 이해가 부족했을 것이라고 오해하곤 한다. 실상은 그렇지 않았다. 그들은 비록 대학을 나오지는 않았지만, 비행기를 만들기 위한 공부를 게을리하지 않았다. 비행기 개발에 주도적으로 기여한 윌버는 유인 비행기를 제작하기로 결심했을 때 곧바로 비행기 제작에 뛰어든 것은 아니었다. 그는 데이튼Dayton 도서관에서 관련 자료를 보는 데 많은 시간을 보냈고, 하늘을 나는 새를 관찰하는 데도 많은 시간과 노력을 기울였다. 윌버가 1899년 5월 스미소니언협회 Smithsonian Institution에 요청한 논문에는 옥타브 샤누트의 「비행 기계의 발전Progress in Flying Machines」, 새뮤얼 랭글리의 「공기역학 실험Experiments in Aerodynamics」 등이 포함되어 있었다.

## 날개 와핑의 비밀을 알아내다

형제는 오토 릴리엔탈이 시험 중 사고로 사망한 지 몇 년 지나지 않은 1899년부터 자전거 사업으로 얻은 이익을 비행 시험에 투자하기 시작했다. 또한 1900년에는 공학적인 수식과 논문을 충분히 이해할 수 있게 되었다.

윌버는 비행을 위한 추진력은 그다지 걱정하지 않았다. 요컨대 공기역학적aerodynamics으로 완벽하면 동력은 단지 부착만 하면 된다는 것이었다. 형제는 이전 연구자들이 소홀히 했던 것 하나에 주목했는데, 바로 조종 제어에 관한 것이었다. 그들은 새들이 방향을 바꿀 때 날개 끝을 이용한다는 것을 알아냈고, 윌버는 판지 종이를 비틀어서 이런 효과를 얻을 수 있다는 것을 증명했다. 이른바 '비행 날개의 비틀기, 날개 와핑wing warping'이다.

누구에게나 스승이 있듯이 형제에게도 이론과 비행기 제작에 조언을 해준 사람이 있었는데, 바로 옥타브 샤누트(Octave Chanute, 1832~1910)였다. 그는 토목 엔지니어로 원래 비행기에는 관심이 없었다. 교량 설계와 건설로 부자가 되었고, 1889년 이른 나이에 은퇴했다. 남은 생애를 그저 놀고먹을 성격이 아니었던 탓에 점차 '비행 문제'에 관심을 가졌다.

샤누트는 직접 팀을 꾸려 실험했다. 랭글리 교수와는 달리, 그리고 라이트 형제와 마찬가지로 그는 비행의 성패가 글라이더의 성공에 달려 있다고 믿었다.

그는 오거스터스 헤링(Augustus Moore Herring. 그는 라이트 형제, 커티스와의 악연을 끝까지 이어간다)을 영입하고 젊은 기술자들의 아이디어를 적극적으로 받아들여 실험을 거듭했지만 그리 오래가지는 않았다. 생애 마지막까지 비행에 관심을 가지고 활동했으나 라이트 형제와는 사이가 멀어졌다.

## 비행 시험을 시작하다

1900년 9월부터 바람이 많은 키티호크Kitty Hawk에 캠프를 세우고 날개 와핑 기술을 적용한 글라이더 실험을 시작했다.

조종사는 저항을 줄이기 위해 아래 날개 사이에 엎드려 탑승했고, 수동 레버로 비행기의 피치(pitch, 비행기의 기수가 위 또는 아래로 움직이는 동작) 거동을, 날개 와핑은 발로 조종했다. 언덕 위에서 맞바람을 받으며 날아오른 글라이더는 생각보다 조종도 잘되고 착륙도 잘되었다고 한다.

겨울이 되자 그들은 양력에 대해 더 연구를 했다. 비행기가 날려면 양력이 충분해야 한다는 점은 굳이 베르누이의 정리를 인용하지 않아도 지금은 널리 알려진 사실이지만, 당시에는 그렇지 않았다.

시험을 끝낸 뒤 막 착륙한 윌버의 글라이더(1901년)

그들은 두 배로 커진 날개와 더 커진 캠버각(camber angle. 양력을 높이기 위해 날개 단면에 적용되는 설계 각도)을 적용하여, 양력을 더 많이 얻도록 글라이더를 새로 만들었다. 그러나 이듬해, 실험 목표였던 경사 선회는 사실상 실패로 돌아갔고 사고 위험도 커졌다.

그들은 릴리엔탈의 자료를 포함한 처음의 계산에 문제가 있다고 생각하여, 수백 개의 날개 단면 형상을 제작하여 자전거에 매달고 달리기도 하고, 손수 **풍동**風洞을 만들어 다양하게 실험했다. 이는 아주 적절한 접근이었다. 이전의 실험은 개방된 장소에서 이루어졌으므로 데이터 자체가 오염된 탓에 결과가 잘못 나온 것이었다.

1902년, 마침내 완전히 새로운 글라이더가 탄생하게 된다. 특히 처음에는 고정되어 있던 뒤쪽의 수직타를 오빌의 제안으로 조종할 수 있게 바뀌면서 부드러운(곧 안정적인) 경사 선회가 가능해졌다. 이로써 드디어 조종이라는 관점에서 현대 비행기와 같은 개념의 기계가 탄생했다.

여기에서 **풍동**이란 곧 윈드 터널wind tunnel로, 우리말이 더 직관적으로 이해하기 쉽다. 다시 말해 '바람 동굴'이다. 폐쇄된 공간을 만들어 그 안에 인공 바람을 불어넣어 항공기 같은 물체의 움직임을 살펴보는 장치이다.

비행기와 우주선처럼 공기를 이용하는 모든 비행체뿐만 아니라 공기의 저항을 줄일 필요가 있는 자동차, 기차나 배, 공기에 따른 움직임을 제어할 필요가 있는 다리 등, 현대의 모든 구조물에서 풍동은 중요한 실험 장치이다. 현대적인 의미의 풍동은 1871년 영국의 조선 엔지니어이자 영국항공협회의 창립회원 프랜시스 웬햄Francis Wenham이 만들었다.

미국 버지니아 항공우주센터에 전시된 라이트 형제의 풍동 모형

비행 직전인 글라이더. 글라이더의 뒤쪽에 방향타를 적용한 것을 볼 수 있다.
윌버가 조종을 하고 오빌이 글라이더의 왼쪽을 잡고 있다.(1902년)

이 글라이더로 200미터 이상을 날 수 있자, 조수의 도움으로 82킬로그램에 12마력이라는 뛰어난 성능을 갖춘 가솔린 엔진을 장착하게 되었다. 당시 내연기관의 기술은 그다지 비밀스러운 사안이 아니었음을 기억하자. 좀 더 가벼우면서, 좀 더 출력이 높은 엔진을 만드는 것은 몇 사람의 노력만으로도 어느 정도 이룰 수 있는 시대였다.

엔진과 더불어 효율적인 프로펠러를 만드는 것도 중요했다. 프로펠러에 관해 아무것도 몰랐던 윌버는 처음에 배에서 사용하는 짧고 뭉툭한 프로펠러를 사용할 수 있으리라 생각했지만 곧 프로펠러 역시 공기역학적으로 설계해야 한다는 것을 깨달았다. 마침내 풍동을 이용하고 프로펠러를 자전거에 부착하여 시험하는 등, 시행착오를 거듭하여 지금과 비슷한 프로펠러를 완성했다.


## 첫 비행에 성공하다

1903년 12월 17일 아침, 킬 데빌 힐스Kill Devil Hills 지역은 시속 48킬로미터로 세찬 바람이 불었다. 센 바람은 플라이어 호라 이름 지은 라이트 형제의 동력 비행기가 이륙하는 데에는 도움이 되었지만 조종은 어렵게 할 것이었다. 목재 트랙을 설치하고 양쪽 날개 끝을 두 사람이 붙잡고 오빌이 기계에 올라 엎드렸다.

엔진 소음을 내며 지켜보던 사람들의 환호성 속에서 이 무거운 기계는 트랙을 따라 날아올랐고, 이때 장면을 카메라에 담았다. 그들은 비행 성공을 확신했던 터라 카메라를 준비했고, 그들을 도와주던 존 대니얼John

**플라이어 호의 비행 원리**

플라이어호의 조종은 다음과 같은 방식으로 이루어진다.

라이트 형제의 플라이어 호는 경사 선회를 하기 위해 주날개 전체를 비틀어야 했다(날개 와핑). 위 붉은색 화살표들은 경사 선회를 하기 위해 움직이는 날개의 방향이다. 주날개를 비트는 동시에, 꼬리의 수직타도 틀어 주어 선회를 보조하게 된다. 아래 파란색 화살표는 비행기 선회 방향이다.

Daniel이 사진을 찍었다. 다음 사진(39쪽)에서 오른쪽에 선 이가 윌버 라이트이다. 그들의 비행을 증명하는 가장 유명한 사진이다.

이 첫 번째 비행은 겨우 12초 동안 날았지만, 이날 윌버가 네 번째 비행이자 마지막 비행에서 처음에는 여전히 뒤뚱거렸지만 곧 안정을 찾아 59초 동안 약 260미터를 날았다. 1분이 채 안 되었지만, 분명히 조종에 따

첫 번째 비행에 성공하다.(플라이어 I호. 최고속도 48km/h, 가솔린 수냉식 엔진 12마력)

플라이어 호의 비행거리

른 동력 비행에 성공한 순간이었다. 인류의 '헛된' 꿈을 이름 없는 두 젊
은이가 이루는 순간이었다.


## 새뮤얼 랭글리

새뮤얼 랭글리(Samuel Pierpont Langley, 1834~1906) 교수는 라이트 형제를
다룰 때 빼놓을 수 없는 당대 최고의 수학자이자 과학자이다. 그는 스미
소니언협회(이하 스미소니언)에 천체물리관측소를 설립하는 등 미국 과학
기술 발전에 많은 공헌을 했다. 라이트 형제가 활동하던 시기에 그는 이
미 노년이었지만, 당시 관심이 높던 항공기 개발에 노력을 기울였다.

그가 비행 기술에 심취하여 항공기를 개발하려던 때에는 아직 가솔린
엔진 같은 내연기관이 주류가 아니었고, 증기기관이 산업의 중심에 있었
다. 그 역시 처음에 증기기관을 이용하여 비행 성공을 이루고자 했다.

그는 모형용 증기기관을 이용하여 모형 항공기를 제작했다고 한다. 보
트에서 사출기로 발사한 모형이 1킬로미터 이상을 날자 가능성이 있는
듯했다. 나중에 밝혀지지만, 증기기관과 동체가 훨씬 무거운 실제 비행
기의 비행은 전혀 다른 차원의 문제였다.

그는 스미소니언에서 자금을 지원받아 유인 항공기를 제작하기 시작했다. 그는 1887~1906년에 스미소니언의 경영책임자secretary를 맡고 있어 스미소니언 자금을 손쉽게 사용할 수 있었다. 충분한 동력이야말로 비행의 비밀이라 생각하여 엔진 제작에 많은 공을 들였지만, 앞서 말했듯이 비행 성공의 본질은 동력이 아니었다.

글라이더 비행에 성공했던 라이트 형제는 날개를 비틀어 조종했지만, 그의 에어로드롬(Aerodrome, Air runner란 뜻의 라틴어) 호는 좌우 조종roll control이 불가능하여 선회할 수 없었다.

사출기로 발사한 두 번에 걸친 시험에서 에어로드롬은 처참하게 강에 처박혔고, 많은 기대를 한 몸에 받았던 랭글리 교수의 도전은 결국 실패

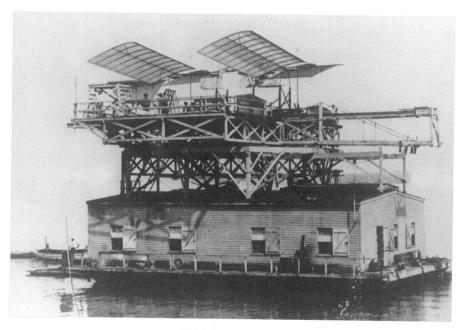

배 위의 사출 직전인 그레이트 에어로드롬(Great Aerodrome, 1903년)

로 끝나고 말았다.

조종 장치도 없는 에어로드롬은 당시 시점에서 보아도 구조적으로 그다지 상식적이지 않았다. 1903년 12월 8일, 그의 마지막 시도가 실패하자 사람들은 '공기보다 무거운' 기계의 비행은 불가능하다고 결론지었다고 한다. 그러나 라이트 형제가 비행에 성공한 것은 그로부터 겨우 9일 후였다.

훗날, 랭글리 교수에게 자금을 지원한 스미소니언협회는 어떻게든 이 프로젝트가 성공한 것으로 하기 위해 글렌 커티스로 하여금 이 비행기로 계속 시험하게 독려했고, 결국 비행에 성공했다('특허 분쟁' 부분 참조).

이처럼 랭글리 교수는 결코 비행 기술을 이해하지 못했고 그의 노력이 실패한 것은 분명하지만, 그의 과학적인 업적을 기리기 위해 현대 미국의 여러 항공 관련 분야에 그의 이름을 붙이고 있다. 랭글리 공군기지, NASA 랭글리 연구센터 등등.


## 첫 비행 성공 이후에 일어난 일들

많은 기대를 한 몸에 받았던 유명한 랭글리 교수가 주도한 에어로드롬 호의 비행이 실패하자 '공기보다 무거운' 기계가 하늘을 난다는 것에 많은 이들이 의문을 품었다. 이러한 분위기에서 라이트 형제의 비행 성공 소식이 전해지자 사람들은 라이트 형제의 성공에 고개를 갸웃거렸다고 전한다. 예를 들면, 지역 신문에 59초 비행 성공을 알렸지만 그래도 신문사는 59초가 성공이라고 하기에는 너무 짧다고 생각했다. 비행의 의미를 이해했다면 59초가 얼마나 긴 시간인지 알 수 있었겠지만, 그들은 비행 자체를 이해하지 못했던 것이다.

그런 분위기에서도 라이트 형제는 적극적으로 성공을 알리는 대신, 자신들의 기술을 다른 사람이 도용하지 못하게 하고, 그 결과로 실질적인 이익을 얻는 것에 더 노력을 기울이기로 했다. 이들의 이런 행동은 뜻하지 않게 프랑스 등에서 같은 시기에 첫 동력 비행의 성공을 주장하는 사람들이 나타나는 결과로 이어진다.

1905년 6월에 개량을 거친 플라이어 3호가 처음 하늘을 날기 시작한 뒤 그해 10월 5일, 무려 38분간 39킬로미터를 한 번에 비행하기에 이르렀다. 1905년 당시 이렇게 날 수 있는 기계를 가진 사람은 분명히 라이트 형제뿐이었다.

형제도 그렇게 확신했는지 이제 기술 개발보다 여기에서 이익을 창출하는 작업에 더 집중하기로 하여 미국 국방부와 프랑스군에 이 기계를 팔기로 했다. 그러나 판매 계약이 이루어지기 전까지 시험 비행을 보여줄 수 없다는 말도 안 되는 주장으로 판매는 이루어지지 않았다.

비행 기술에 관심이 많았던 사람들은 곧바로 형제의 비행 원리를 알아내려고 했다. 오거스

월버 라이트가 플라이어 3호를 46번째 비행하고 있다.
(1905년 10월 4일)

터스 헤링은 형제의 비행기가 바로 자신이 개발한 방식과 비슷하다면서, 특허를 공유하자고 편지를 보냈다. 이는 물론 거짓말이었다.

1906년 9월, 글렌 커티스가 형제의 초대로 형제의 시험장을 방문했다. 그 후 커티스는 자신이 여러 차례 실험을 거쳐 프로펠러의 효율을 높였다고 형제에게 편지를 보냈다. 시험장에서의 이들의 만남은 역사적으로 구구한 해석과 논란을 일으켰다. 기계에 대한 이해가 빨랐던 커티스가 그저 단순히 눈으로 본 것만으로 이후 자신의 입지를 다졌는지, 또는 형제와 기술적인 토론을 했는지, 아니면 전혀 교류하지 않았는지는 확실하지 않다.

확실한 것은 이 만남 이후 커티스가 갑자기 항공 기술 역사의 전면에 등장한다는 사실이었다. 경쟁자들이 호시탐탐 자신들의 기술을 훔쳐 가려 한다는 것을 느낀 형제는 기술이 노출되는 것에 매우 민감하게 반응했고, 이후 이러한 상황의 연장선상에서 모든 일이 벌어지게 된다.


## 미국 밖의 경쟁자들

플라이어 호의 비행을 지켜본 사람들은 이미 대략의 비행 원리를 알아차리기 시작했고, 눈으로 알아챌 수 있는 기술은 더 이상 비밀이 아니었다.

특히 항공기에 관한 열정이 가득했던 사람들이 많았던 프랑스는 그 강력한 잠재력으로 곧 미국을 따라잡을 기세였다. 프랑스의 대표주자 루이 블레리오Louis Bleriot는 1909년 7월 25일, 세계 최초로 영국 해협을, 그것도 단엽기로 횡단했다('루이 블레리오' 편 참조).

이 표현은 단지 필자의 생각이 아니다. 영국의 유명한 숍위드Sopwith 항 공사의 설립자 **토머스 숍위드**(Thomas Sopwith, 1888~1989)는 이렇게 말했다.

"우리 회사의 모든 비행기는 눈으로만 만들었다. 기술적인 부분은 신경 쓰지 않았다."

즉, 눈썰미 있는 과학자나 기술자라면 당시의 비행기 신기술을 가늠하는 것은 그리 어려운 일이 아니었던 것이다. 그는 라이트 비행기로 처음 비행 을 시작했지만 회사(숍위드 항공사)를 차려 제1차 세계대전으로 대성공을 거두 었다. 이 회사는 제1차 세계대전이 끝나자 문을 닫고 이 회사의 수석 조종 사 해리 호커Harry Hawker 등과 함께 새로운 호커 항공사Hawker Aircraft를 세 워 유명한 비행기인 호커 허리케인Hawker Hurricane 등을 제작했다. 토머스 숍위드 경Sir Thomas Sopwith은 1989년 101세로 세상을 떠났다.

루이 블레리오가 프랑스를 다시 항공 기술의 선두주자로 올려놓기 전 까지 프랑스 사람들은 라이트 형제의 비행이 세계 최초라는 사실을 인정 하지 않았지만, 1908년 8월 8일 윌버 라이트가 프랑스 르망Le Mans 지역 에서 경사 선회로 비행 시범에 성공하고서야 비로소 인정하게 되었다.

## 글렌 커티스

외국이 아닌 미국에서도 강력한 경쟁자들이 나타났다. 알렉산더 그레 이엄 벨(Alexander Graham Bell. 전화기를 발명한 그 사람이다)은 항공기 사업이 유망하다는 생각으로, 1907년 항공기 개발을 위해 에어리얼 익스페리먼트 어소시에이션〔Aerial Experiment Association: AEA. 비행시험협회 정도로 번역할 수 있겠지만, 기업연구소라고 생각하면 된다. 미국의 항공클럽(Aero Club. 현재의 미국 항공협회)과는 아무런 관련이 없다〕을 설립한다. 벨은 유명한 오토바이 제작자 글렌 커티스(Glenn H. Curtiss, 1878~1930)를 당대 최고의 엔진 제작 기술자로 생각했고, 그를 이 조직에 끌어들였다.

라이트 형제의 첫 비행이 성공한 뒤 3년이 지날 무렵, 이제 하늘을 나는 것 자체에 관한 비밀이 어느 정도 밝혀졌다. 문제는 어떻게 성능 좋은 항공기를 만드는가였고, 당연히 엔진 성능이 매우 중요한 요소 가운데 하나로 등장했다.

현대의 수많은 혁신적인 발명이 그렇듯이, 뛰어난 발명품이 성공하기 위해 무엇보다 중요한 점은 그 발명품이 시장을 선점하는 것이다. 라이트 형제는 비록 가장 처음으로 비행기를 개발했지만, 시장 원리를 잘 몰랐고 특허와 같은 법적인 문제에 너무 많은 시간을 허비했다.

그 사이 뛰어난 경쟁자들이 전 세계적으로 등장했는데, 미국에서는 바로 커티스가 그런 존재였다. 라이트 형제의 경쟁자일 뿐만 아니라 항공기술 역사에도 커티스는 중요한 위치를 차지한다. 그는 고등교육을 받지는 않았지만 기계와 과학에 재능이 있었고, 자전거 경주선수로 엔진과 모터사이클 제작에 관심이 많았다. 그는 모터사이클 속도 경쟁에서 1907년 비공인 세계신기록(시속 219킬로미터)을 세웠으며 엔진 제작자로 명성을 얻고 있었다.

AEA에서 여러 대의 항공기를 제작했는데 이때 커티스는 보조날개 aileron를 이용하는 비행기 설계에 중요한 역할을 한다. 그가 주도한 AEA

글렌 커티스

글렌 커티스 박물관(Glenn H. Curtiss Museum, 뉴욕)에 전시중인 준 버그 호의 모형.
양쪽 끝이 상하로 움직이게 보조날개를 장착한 것을 볼 수 있다.

의 비행기는 '준 버그June Bug'로 알려졌으며 1908년 7월, 1.5킬로미터 이상 비행에 성공한다. 이 비행기는 지금의 보조날개와 똑같지는 않지만 개념적으로 선회 비행을 위한 보조날개를 사용했으며, 분명 특허를 피하기 위한 방편이었을 것으로 짐작할 수 있다(47쪽 아래 사진 참조).

그는 미국 항공클럽에서 제1번 파일럿 면허를 받았다. 오빌 라이트는 5번으로, 이는 알파벳 순서로 면허가 발급되었기 때문이다.

준 버그 호의 파일럿으로도 이름을 날리고, 사업 수완이 좋았던 그는 AEA에서 이 비행기를 사들여 커티스 No. 1 항공기로 제작했다. 마침내 비행기 제작과 설계에 관여한 경험을 바탕으로 1909년, 커티스 비행기 회사Curtiss Aeroplane Company를 설립한다.

1909년 프랑스 랭스Reims 국제항공대회에 참가한 커티스는 복엽기인 No. 2로 20킬로미터 완주 속도 경주에서 승리했고(라이트 형제도 랭스대회에 참가했지만 경주에는 참가하지 않았다), 1910년 5월에는 220킬로미터에 이르는 장거리 비행에 성공했다.


## 미국 해군 비행기의 아버지, 커티스

라이트 형제가 자신들이 개발한 비행 기술이 최고라 믿으며 법적 투쟁에 많은 시간을 들이는 동안 커티스는 비행 기술의 혁신을 이어나갔다. 라이트 형제는 무기로서의 비행기의 잠재력을 낮게 평가했지만, 커티스는 비행기가 무기로서 유용하다는 것을 간파해 군과 긴밀하게 협조했다.

미 해군 순양함 버밍햄USS Birmingham 호에서 그의 비행기가 이륙에 성공하자(1910년 11월 14일) 비행기가 해군에서 주요 무기로 사용될 수 있다는 것이 분명해졌고, 이는 미 해군 항공사의 역사적인 시발점이 되었다. 이처럼 커티스가 군과의 협력에 적극적이었던 이유는 라이트 형제의 독점과 영향에서 벗어나는 돌파구가 될 수 있다는 생각에서였고, 결론적으로 그의 입장에서 보면 올바른 판단이었다.

세계 최초의 수상기(seaplane. 바퀴 대신 플로트float를 붙인 수상 비행기float plane 와 배의 선체가 비행기 동체 역할을 하는 비행정flying boat으로 나눌 수 있다)는 커티스가 만들지 않았지만, 1910년 겨울 동안 플로트를 이용하여 수상에서 이착륙을 할 수 있는 실질적인 수상 비행기는 미국에서 처음으로 만들었다.

실제로 플로트를 이용하여 물 위에 이착수를 하는 방식에 최초로 성공한 사람은 프랑스의 앙리 파브르Henry Fabre로 베르 호수Etang de Berre에서 1910년 3월 28일 이착수에 처음 성공했다. 커티스는 그의 자문을 받으며 수상 비행기 개발을 이어갔다.

1912년, 그는 동체가 직접 수면에 닿도록 설계한 수상기, 즉 비행정을 제작했다. 진정한 의미에서 물 위에 정박하고, 물 위에서 이륙하는 개념의 비행기를 처음 제작한 것이다. 이착수에 공간적인 제약이 없다는 점 외에도 특히 비행정은 육상용에 비해 동체를 크게 할 수 있다는 여러 가지 장점이 있었다. 이를 계기로 적어도 미국은 수상기에서 프랑스 등 다른 나라의 추격을 따돌릴 수 있었다.

심지어 라이트 형제도 커티스의 수상기를 모방하기에 이르렀다. 커티스는 함정에서의 이함(전함에서 이륙)뿐만 아니라 1911년 1월, 순양함 펜실베이니아USS Pennsylvania 호에 착함(전함에 착륙)도 성공함으로써 진정한 해군 비행기 시대에 한발 더 다가갈 수 있었다.

그는 활주로를 가로질러 여러 가닥의 로프를 걸어 놓아 비행기가 함정에 안전하게 착륙하는 방법을 고안했다. 각 로프 끝에 모래주머니가 연결되어 있어 로프에 걸린 비행기가 모래주머니를 끌다가 멈추는 방식이었다. 파일럿이 튕겨 나올 것에 대비하여 끝에다 차양을 치기도 했다. 로프로 비행기를 세우는 이 방식은 현재도 사용하고 있다.

이와 같이 미 해군과의 협력으로 혁신적인 기술 개발에 성공을 거둠으로써 해군에서의 독립적인 항공기 운용이 가능하게 되었다. 그의 회사에서 개발한 비행정 NC-4는 세계 최초로 대서양 횡단에 성공했다. 그는 미 해군 항공의 아버지로 불리고 있다.

커티스는 해군뿐만 아니라 미 육군 항공대에서 조종하기 쉽고 유지하기 쉬운 비행기 제작을 의뢰받아 1916년 이른바 '제니Jenny'라고 불리는 JN-4를 개발하여 납품했다. 이 비행기는 당시 유럽의 전형적인 복엽기와 유사했는데, 그 설계자가 바로 앞에서 언급한 솝위드Sopwith 비행기를 설계한 벤저민 더글러스 토머스Benjamin Douglas Thomas였다.

커티스는 자기 혼자 모든 항공기를 설계할 수 없다고 생각했으며, 이런 점에서 라이트 형제와 달랐다. 결과적으로 이러한 생각은 그가 끊임없이 혁신할 수 있는 바탕이 되었다. 이 비행기는 당시 인기가 높아 수천 대가 팔렸으며, 군용과 민간용으로 제작되었다. 커티스의 뛰어난 사업 수완으로 그의 회사는 가장 큰 항공기 제작사로 명성을 날렸다.

커티스가 제작한 비행기가 미 해군 순양함에서 이륙하고 있다.(1910년)

커티스 비행정 NC-4(최고속도 137km/h, 4400마력 리버티Liberty 엔진).
논스톱은 아니었지만 1919년 세계 최초로 대서양 횡단에 성공했다.

커티스의 최대 성공작 제니(JN-4, Jenny)

## 항공대회: 죽음의 경쟁

프랑스 랭스 항공대회air show가 상업적으로 크게 성공을 거둔 이래, 흥행과 상금을 노린 여러 항공대회가 열렸으며 여기에 참여하는 비행사들이 큰 인기를 끌었다. 마치 우리나라의 지방 축제처럼 지역마다 항공대회가 생겨났고, 철도로 이동이 가능해지면서 많은 시민들이 곳곳에서 열리는 대회를 보려고 몰려들었다.

파일럿들은 명성을 얻거나 돈을 벌기 위해 위험을 무릅쓴 곡예비행을 선보였다. 항공대회는 비행기 제작사의 지명도를 높이는 데도 유리했다. 라이트 형제가 유럽에서 인정받고 유명해진 것도 프랑스 르망의 비행 동호인들 앞에서 시범 비행으로 완벽한 경사 선회와 8자 비행을 선보였기 때문이다. 커티스도 골드 버그Gold Bug 호를 개조한 No. 2로 랭스 항공대회에서 1등을 한 이후로 항공업계의 선두주자로 자리매김했다.

미국에서는 허드슨 강 발견 300주년 행사로 1909년 9월 뉴욕에서 허드슨-풀턴 기념대회(허드슨 강 발견과 풀턴Fulton의 증기선 항해 102주년 기념행사)가 열렸는데, 흥행 성공을 위해 비행기 전시와 시범 비행이 펼쳐졌다. 이 행사에서 라이트 형제의 비행기가 비행에 성공했다. 이를 계기로 그동안 모국에서 의심받았던 형제는 완전히 인정받게 되었고, 언론이 이를 대서특필하면서 미국 항공 역사상 중요한 사건으로 기록되었다.

이어서 1910년 1월에 열린 LA 항공대회(LA international Aviation Meet. 순수한 항공대회로는 미국에서 처음 열린 대회)에서는 커티스 비행기가 인기를 끌었다. 라이트 형제는 좀 더 적극적으로 대중에게 자신들을 알릴 필요가 있다는 생각에 1910년 라이트 시범 비행팀Wright Exhibition Team을 꾸렸다. 대중의 인기에 힘입어 다양한 사람들이 파일럿이 되려고 지원했다. 지원자 중에는 자동차 경주자나 자전거 경주자도 있었으며, 몇 달 동안의 교육으로도 비행이 가능했다.

라이트는 엄격한 규율 아래 팀을 운영했지만 급여는 보잘것없었다. 1회 비행으로 1천 달러를 항공대회 운영 측에서 받으면 파일럿이 받는 돈은 겨우 50달러였고, 대신 주급으로 20달러를 받았다.

커티스는 팀을 좀 더 조직적으로 꾸렸다. 최초의 여류 비행사로 알려진 블란체 스튜어트 스콧Blanche Stuart Scott, 그리고 최초로 함상 이착륙에 성공한 유진

LA 항공대회 포스터(1910년)

일리Eugene Ely 등이 포함되었다. 커티스 팀의 급여는 라이트 팀보다 조건이 더 좋았다. 예를 들면 상금의 50퍼센트를 파일럿에게 주었다.

미국의 주요 도시에서 항공대회가 열렸고, 유명한 파일럿들이 탄생한다. 랠프 존스턴Ralph Johnstone, 아치볼드 혹시Archibald Hoxsey, 존 모이전트John Moisant 등이 이때 유명해졌다. 급강하, 회전활공, 강풍에서의 비행, 초저공비행 등의 시도가 많아지고 그 강도 또한 높아졌다.

이처럼 비행 속도가 빨라지고, 곡예비행이 인기가 높아지면서 의도하지 않게 항공 기술 발전으로 이어지기도 했다. 예를 들면, 급격한 비행 기동에서 날개 와핑보다는 보조날개를 사용하는 것이 유리하다는 것이 점차 증명되었다. 하지만 필연적으로 비행 사고의 강도도 비례해서 높아졌다.

이와 같은 사태를 우려하여 비행기 개발자, 특히 라이트 형제가 곡예비행에 반대했지만, 많은 파일럿들은 명성을 얻고자 점점 대담해졌다. 1910년, 라이트 팀의 유명한 존스턴과 혹시가 사망했고, 블레리오 11 비행기를 탄 모이전트가 추락해 사망했다.

1911년 9월까지는 라이트 비행기의 사고만 있었지만 라이트 비행기보다 기동에 유리했던 커티스 비행기도 사고를 피할 수는 없었다. 최초의 비행기 사고 사망으로 기록된 1908년 9월 17일 플라이어 호 사고—이 사고로 토머스 셀프리지Thomas Selfridge가 사망했다—이후 4년이 채 안 된 기간 동안 10일마다 한 명꼴로 파일럿이 세상을 떠났다.

링컨 비치(Lincoln Beachey, 1887~1915)는 커티스 비행기를 탄 파일럿으로 역사상 가장 유명한 곡예비행사로 손꼽혔다. 그는 헤드램프를 장착하고 최초로 야간비행을 했으며, 1911년에는 나이아가라 폭포 다리 아래를 통

링컨 비치가 커티스 비행기를 타고 나이아가라 다리 아래를 통과하고 있다.(1911년 6월 27일)

과하여 신문에 대서특필되었다. 1915년 3월 14일, 파나마－태평양 국제
박람회가 열리기 전 샌프란시스코 만에서 곡예비행을 펼치다가 그의 비
행기가 아래로 곤두박질쳤다. 그는 비행기가 추락할 때가 아닌, 물 위에
추락한 뒤 익사한 것으로 밝혀졌다.

파일럿으로 이름을 날린 사람들 가운데 제1차 세계대전에서 널리 사용
된 '솝위드 카멜Sopwith Camel' 비행기를 만든 솝위드 항공사의 설립자 토
머스 솝위드, 미국에서 대규모 항공기 제작사로 성장한 마틴 항공회사의
설립자 글렌 마틴(Glenn Luther Martin, 1886~1955)도 있었다. 파일럿들이 명성
을 날리면서 라이트나 커티스의 지명도는 상대적으로 줄어들게 되었다.

# 특허 분쟁

라이트 형제는 첫 비행을 성공한 지 얼마 지나지 않아 1904년 3월, 특허 전문 변호사를 통해 비행기에 관한 특허를 신청했다. 주요 내용은 비행 구조인 글라이더와 조종 방식control system에 관한 것이었다. 이 특허는 영국, 프랑스, 벨기에, 독일에도 제출했다. 그러나 특허를 유지하고 기술을 독점하는 것은 거의 불가능했다.

특허를 얻기 이전에 **날개 와핑 기술**을 복제하거나 비슷한 장치를 만드는 사람들에게 도용되지 않게 해야 했지만, 기계 장치를 제대로 이해하는 사람들에게는 일단 비행 원리를 알고 나면 이를 복제하는 것이 그다지 어렵지 않았기 때문이다. 프랑스, 영국, 벨기에는 형제의 특허를 받아들였지만, 정작 모국인 미국에서는 그렇지 않았다.

특허 분쟁에 휘말리면서 두 가지 결과가 나타났다. 가장 중요한 부분은 기술을 독점하려던 라이트 형제에 반발하여 라이트 형제에 대한 적대적인 정서가 형성되었다는 점이다. 언론이나 언론에 상당한 영향력을 미치던 당시 미국의 상류층을 대표하는 항공클럽(현재의 미국 항공협회) 등을 형제는 포용하지 못했다.

특히, 라이트 형제를 반대하는 무리의 대표 엔지니어인 커티스를 과소평가했다. 형제는 자신들의 기술이 본질적으로 우월하다고 생각했지만, 이는 엔지니어가 빠지기 쉬운 오류 가운데 하나였다. 기술은 끊임없이 발전하는 것인데, 이를 인정하지 않았을뿐더러 본인들보다 실력 있는 엔지니어를 인정하려고도 하지 않았다. 또 다른 하나는 길게 이어지는 특허 분쟁에 몰두하느라 시장의 중요성을 놓쳐 버린 것이었다.

보조날개, 즉 에일러론aileron은 프랑스어로 작은 날개란 뜻이며, 좌우 거동roll과 경사 선회banked turn를 통해 비행기의 방향을 바꾸는 1차적인 역할을 하는 기구이다. 단적으로 말하면, 비행기는 수직타가 없어도 보조날개만으로도 비행 방향을 바꿀 수 있다. 수직타로 이 거동을 보조하는데, 특히 비행 안정을 유지하는 데에는 수직타의 역할이 크다.

라이트 형제가 알아낸 비밀은 바로 비행기의 방향을 바꿀 때 수직타를 포함해 이런 특별한 방법을 사용해야 한다는 점이었다. 다만, 그들은 이 거동을 구현하기 위해 보조날개 대신 날개를 직접 비트는 **날개 와핑 기술**을 사용했다. 날개 전체를 비틀어서 비행기의 좌우를 기울여 비행기의 방향을 바꾸는 것이다. 형제는 이 개념에 관한 특허를 신청했다.

형제의 특허를 피하는 방법으로 커티스는 보조날개를 사용했다. 사실 커티스가 보조날개를 처음 사용한 것은 아니었다. 보조날개를 누가 처음으로 사용했는지는 특정하기 어려운 것으로 알려져 있다. 보조날개에 대한 특허는 이미 1800년대에 등록되어 있었다.

이 개념이 비행기의 거동에서 실제로 사용되었는지의 문제로만 살펴보면, 라이트 형제가 비록 보조날개를 사용하지는 않았어도 개념적으로는 같은 의미의 날개를 만들어서 사용한 것이라고 할 수 있다.

커티스가 사용했던 보조날개는 준 버그June Bug 호에서 볼 수 있고, 1906년 산투스두몽도 '14 비스bis' 호에서 현재와는 다르지만 보조날개의 개념을 사용했다. 1915년 이후에는 거의 모든 비행기에서 날개 와핑 기술 대신 보조날개를 사용했다.

특허와 관련하여 라이트 측과 커티스 측은 기본적인 견해 차이가 있었다. 곧 수직타에 관한 기술을 형제는 자신들이 특허를 가진 고유한 기술이라고 생각했지만, 커티스는 전반적인 이론에서 나온 기본적인 발상은 특허가 아니라고 생각했다. 다시 말해, 특별한 장치로 이루어진 것만이 특허에 해당하고, 형제의 비행 기술은 이에 해당되지 않는다고 생각했다.

라이트 측은 랭스 항공대회 즈음인 1909년, 커티스를 상대로 특허 침해 소송을 제기했다. 커티스는 이러한 생각으로 라이트 측의 소송 제기를 처음에는 이해하지 못했다.

형제를 중심으로 라이트 회사Wright Company를 설립할 때, 이 회사의 중요한 목적 중 하나는 경쟁자를 시장에서 도태시키는 것이었다. 라이트 측에 참여한 한 변호사는 "하늘을 나는 기계 중에 라이트 형제의 특허를 침해하지 않은 것이 없다"고 주장했는데, 라이트 측의 생각을 단적으로 보여주는 예라 할 수 있다.

특허 소송 자체로만 보면 상황은 라이트 형제에게 유리했다. 1909년 9월, 연방법원은 자동차 엔진 특허에 관한 판결을 내리면서 앞으로 기술 발전에 영향을 미칠 원리 발명에 관한 권리를 인정하게 되었는데, 이 점은 비행 원리를 이용하여 특허를 낸 라이트 형제에게 유리했다.

1910년 1월, 연방법원은 커티스가 비행기와 관련한 사업을 하지 못하게 해달라는 라이트 형제의 가처분신청을 받아들였다. 특허 소송 중에 이러한 결정을 내리는 것은 이례적인 일이었다.

연방법원은 1만 달러의 예치금을 받고 가처분을 해제했기에 당장 큰 문제는 아니었지만, 앞으로 커티스에게 불리하게 작용할 여지가 있었다. 이러한 분위기 속에서 라이트 형제를 제외한 다른 개발자들이 연대할 수밖에 없는 상황이 되었다.

특허 분쟁을 피할 목적에서 커티스는 라이트 형제가 사용한 3축 조합 방식의 비행—곧 수직타, 수평타, 날개 와핑—을 사용하지 않고 비행하겠다고 선언한 후, 실제로 수직타를 고정시킨 뒤 1910년 LA 항공대회에서 비행에 성공했다.

이러한 시도로 커티스가 라이트의 특허를 침해하지 않았다는 인식이 대중에게 심어졌다. 항공대회 참가에 부정적이었던 라이트 형제가 참가로 방향을 바꾼 것은 이런 대중의 인식에 적극적으로 대응할 필요가 있다고 생각했기 때문이었다.

기술적으로는 수직타가 날개 와핑 또는 보조날개와 연동하여 움직였는지가 논쟁이 되었다. 커티스가 대응했던 것같이, 라이트 형제의 특허에 해당하지 않는다는 주장을 편 사람들은 이런 연동방식을 취하지 않았다는 것을 중요한 차이점으로 부각시켰다.

창간한 지 얼마 안 된 〈에어크라프트Aircraft〉지에서 벌인 논쟁은 양측의 대립이 단지 기술적인 부분만이 아닌 감정적인 부분도 있음을 보여준다. 이 잡지에는 라이트 형제의 발명이 근본적인 원리fundamental principle에 관한 발명이라는 주장, 미국 동포들이 라이트 형제를 비난해서는 안 된다는 주장 등 형제를 옹호하는 주장이 있었던 반면, 형제가 탐욕스럽게 항공 산업 전체는 생각하지 않고 자신들만을 생각한다며 형제를 반대하는 주장도 올라왔다.

특허 분쟁이 계속 이어지자 라이트 형제는 소송에 집중할 수밖에 없었고, 그들의 비행기 기술은 상대적으로 낙후되었다(물론 기술 개발을 하지 않은 것은 아니었지만).

1909년 5월, 커티스는 진정한 의미의 보조날개를 적용한 '골드 버그' 호를 선보였다. 하지만 라이트 형제가 1910년 8월에 새로 선보인 '플라이어 B' 호는 비록 승강타를 뒤로, 스키 대신 바퀴를 장착하기는 했지만 날개 와핑 기술은 여전히 사용하고 있었다.

날개 와핑 대신 보조날개가 비행에 효율적이고 기동에 유리하다는 것이 점차 확실해졌다. 바로 이 점이 소송에서 라이트 형제에게 불리하게 작용했다. 형제는 보조날개도 날개 와핑 개념의 일부라고 주장했지만, 그렇다면 형제는 같은 개념인데 왜 더 효율적인 보조날개를 사용하지 않느냐는 것이었다.

1910년 10월, 커티스가 일종의 휴전을 제의했다. 하지만 휴전 수락 조건으로 제시한 윌버의 답변은 사실상 커티스 회사를 라이트 회사의 자회사로 만들자는 것이었기에 휴전 협상은 결렬되었다.

회사 운영을 대부분 항공대회 상금으로 의지했던 커티스는 마침내 미군과의 협업으로 어려움을 타개하고자 시도했고, 이는 앞에서 말했듯이 성공적이었다.

1911년, 유럽 순방의 기회를 이용하여 자신들의 회사를 키우려던 윌버는 성공하지 못했고, 특허 소송도 끝날 기미가 보이지 않자 형제는 크게 좌절했다. 소송은 끝나지 않았고, 특허료를 내기로 한 회사들이 있었지만 그 액수는 기대했던 수준에 훨씬 못 미쳤다. 잡지 등으로 새로운 비행기 제작 기술이 곧바로 세상에 알려지는 상황에서, 그들의 특허를 제대로 인정하지 않으려 했기 때문이다. 설사 법정에서 독점권을 인정하더라도 산업 현장에서 그대로 반영될 여지는 거의 없었다.

비록 윌버의 싸움은 계속되었지만, 그것은 절망에 빠진 상태에서 어쩔 수 없는 선택이었다. 윌버가 동생에게 1911년 6월에 쓴 편지에 이러한 그의 심경이 잘 드러나 있다.

> ❝ 나는 우리가 지금 가지고 있는 자금만으로도 이 사업을 접을 수 있다면, 비록 더 많은 이익을 낸다 해도 접고 싶다. 내가 그러지 않는 단 두 가지 이유는 사업과 관련된 사람들에 대한 책임감과 우리 기술을 훔친 사람들에 대한 분노 때문이다. ❞

1911년 12월, 형제는 법정의 소규모 전투에서 승리했다. 법원이 라이트 형제에게 특허 사용료를 주지 않으면 영국 출신 파일럿들은 미국에서 비행을 할 수 없다고 판결한 것이었다. 아직 커티스와의 싸움에서 완전히 이긴 것은 아니었지만, 가능성은 높아졌다.

많은 항공대회를 주관했던 항공클럽에서 형제에게 지불해야 할 사용료 정산을 차일피일 미루던 1912년 5월 2일, 윌버가 장티푸스에 걸렸다. 처음엔 아무도 심각하게 받아들이지 않았지만, 그는 5월 30일 가족이 지켜보는 가운데 세상을 떠났다.

새로운 사장이 된 오빌은 커티스와의 소송에 집중했다. 커티스는 여전히 지연작전을 폈지만, 존 헤이즐John Hazel 판사는 윌버의 죽음에 동정심이 있었던 터라 재판을 빨리 끝내고 싶어 했다. 1912년 2월 21일, 헤이즐 판사는 이렇게 판결했다.

> ❝ 다른 사람들이 실패한 반면 그들이 성공한 것이라고 판단한다면, 라이트 형제는 비행기 기술 분야에서 선구적인 발명가로 당

연히 여겨져야 한다. 그들의 개념은 실제적이었고, 기존 것과 새로운 것의 장점을 결합하여 비행기 작동에 진전을 이룰 수 있었으며, 놀라운 비행이 가능하게 되었다.

특허권자가 엄격한 의미에서 선구자가 아니라 해도 전체적으로 새로운 기구를 발명했다는 점에서, 그들이 비행의 좌우 복원 기술에 대한 방법을 고안함으로써 이전과는 분명히 다른 진전을 이루었고, 그들이 주장하는 대로 근본적인 제작을 해낸 것 그리고 유사하지만 근본적으로는 같은 기구와 작동 원리가 같은 응용품에 관한 권리를 가진다."

다시 말해, 발명의 개념을 폭넓게 반영하고 근본적인 개념을 발명했다는 의미이다. 그리고 커티스 측에 대해서는 마치 다르게 작동하는 것 같은 기계를 만들었어도 수직타를 사용하는 등 기본적인 원리는 라이트 형제의 비행 원리와 같다고 결론지었다.

이 결정에 따라 커티스가 1만 달러를 지불해야 한다는 것 정도였지만, 오빌에게 머리를 숙이고 협상을 해야 한다고 믿는 사람들은 이 결정을 환영했다. 형제의 반대편에 섰던 사람들도 대체로 법원의 판단에 찬성을 표명했다.

그러나 커티스는 이 판결이 부당하다고 생각했다. 어쩌면 커티스 측은 원천기술 특허pioneer patent의 개념을 과소평가했거나 또는 무시했던 것 같다. 커티스는 자신이 독점에 대항하는 의로운 사람이라고 생각했던 것으로 보인다.

2년 후인 1914년 1월 13일, 항소심에서 헤이즐 판사의 결정을 재확인했다. 커티스에게 남은 유일한 대응은 대법원에 상고하는 것이었지만, 기존 판례로 보아 성공 가능성은 거의 없어 보였다. 반면, 오빌은 그럴 줄 알았다는 반응을 보였다.

문제는 그다음부터였다. 라이트 회사의 투자자들은 경쟁자들을 무자비하고 완전히 없애 버리기를 원했다. 예를 들면, 이 분야에서 손을 떼든지 아니면 라이트 회사의 자회사가 되든지.

이는 실제로 가능한 이야기였지만 오빌은 그러지 않았다. 그는 한 인터뷰에서, 비행기를 구매한 사람들은 잘못이 없으므로 보호받을 것이고, 특허를 의도적으로 침해하지 않은 사람들도 가볍게 처리할 것이라고 했다. 과거의 일은 문제 삼지 않을 것이며, 앞으로 판매되는 것들에 대해 20퍼센트 사용료를 받겠다고 했다. 이는 분명 커티스를 겨냥한 말이었지만, 그의 이러한 태도는 투자자들의 분노를 일으켰다.

한편, 커티스는 의외의 방식으로 반격을 준비했다. 비록 비행에 처음 성공한 것은 라이트 형제였지만 비행을 할 수 있는 기계를 처음 만든 것은 라이트 형제가 아니었다는 것을 증명하려고 했다. 그는 한동안 창고에 처박혔던 랭글리 교수의 에어로드롬 호가 발사 원리에 문제가 있었을 뿐 '날 수 있는 기계'라는 것을 증명하려 했다.

그는 6주간 작업을 하여 1914년 5월, 복원한 에어로드롬 호로 호수 위를 150피트(약 46미터) 비행했고 그해 가을에는 더 길게 날았다. 그러나 이 비행기는 랭글리 교수가 비행을 시도했을 때의 것이 아니었다.

똑같아 보였지만, 엔진이 커티스 엔진으로 바뀌었고, 중요한 설계 치수가 변경되어 있었다. 하지만 스미소니언은 승리를 선언했고, 언론도 이를 받아쓰면서 랭글리를 찬양했다. 이 사건으로 스미소니언과 오빌의 관계는 더욱 멀어졌고 그 반목은 무려 20년 동안 이어졌다.

이 무렵, 자동차 산업의 거두 헨리 포드Henry Ford가 커티스를 돕게 된다. 포드는 특허가 기술 혁신의 걸림돌이 되는 것에 반대한 인물로, 그도 이러한 문제로 피해를 입었기 때문이었다.

커티스는 포드의 변호사를 고용했고, 대법원으로 가는 어려운 방법 대신 라이트의 특허를 연구했다. 두 개의 보조날개와 수직타가 연동되어 움직인다는 것에 동의한 특허 인정에 대해, 커티스는 그것들이 동시에 연동되어 움직이지 않는 비행기를 만드는 방식으로 특허를 피하기로 했다. 다시 말해, 보조날개가 독립적으로 움직이게 했는데, 본질적으로 비행에서 큰 차이가 없었다. 그 까닭은 조종사가 동일한 효과가 나도록 조종할 수 있었기 때문이다.

커티스가 비행기 판매를 계속하자 1914년 11월, 라이트 회사는 커티스 사를 상대로 소송을 제기했다. 라이트 특허를 이용하여 비행기를 계속 판매하고 있다는 것이었다.

하지만 그들의 특허 전쟁은 미국 바깥에서의 갑작스러운 문제로 예측되지 않은 방향으로 진행되었다. 1914년 7월, 제1차 세계대전이 일어난 것이다. 아직 미국 국민에게 직접적인 여파는 없었지만, 항공업계는 달랐다.

비행기 파일럿은 조국을 위해 싸워야 했고, 어제의 친구가 오늘의 적이 되었다. 비행기 수요가 급격히 늘어났다. 1917년 미국이 전쟁에 개입하자 소송 진행이 중단되었다. 미국 정부는 소송 분쟁으로 미국의 항공 기술이 유럽보다 낙후되었다는 사실을 인정해야 했고, 소송으로 인한 피해를 빨리 끝내기를 원했다. 따라서 너무 비싸지 않은 비용을 지불하고 특허를 서로 사용할 수 있게 했다.

라이트의 시대는 그보다 좀 더 빨리 저물었다. 전쟁이 일어난 해, 오빌은 특허를 포함한 회사의 지분을 월 가Wall Street의 투자자에게 팔았고 사실상 은퇴했다.

커티스는 그보다 좀 더 길게 항공업계에 남았다. 제1차 세계대전으로 그의 회사는 크게 성공했지만, 전쟁이 끝난 후에는 회사를 계속 유지할 수 없었다.

그는 겨우 52세인 1930년 세상을 뜨기 전까지, 그와 라이트 형제 주변을 기웃거리던 오거스터스 헤링과의 송사에 매달려야 했다. 1929년, 그가 설립한 커티스 비행기회사Curtiss Aeroplane and Motor Company와 라이트 항공회사Wright Aero Company가 합병함으로써 미국에서 가장 큰 항공기 회사가 되었다. 라이트와 커티스는 이름만 빌려주었을 뿐 이 회사에 참여하지 않았다.

오빌 라이트와 스미소니언과의 싸움은 그보다 훨씬 오래 지속되었다. 스미소니언에서 랭글리 에어로드롬Langley Aerodrome 호를 전시하고 '역사상 처음으로 유인 비행을 한 비행기'라고 버젓이 적어 놓자 오빌이 이에 대해 항의했다. 그래도 전시를 계속하자 오빌은 플라이어 호를 영국으로 보냈다. 제2차 세계대전이 끝나고 오빌이 세상을 뜰 때까지 이 비행기는 영국의 과학박물관Science Museum 중심에 전시되었다.

스미소니언이 라이트 형제의 첫 비행을 인정한 것은 무려 1943년이 되어서였다. 특허 소송이 이해에 공식적으로 종결되면서 라이트 측이 최종적으로 승리를 거두었기 때문이다. 오빌은 제트 비행시대인 1948년까지 살았다.

# 03

## 프랑스의 항공 개척자들

■ ■ ■

비록 첫 동력 비행이 미국에서 이루어졌고, 제1·2차 세계대전으로 미국, 독일, 영국 등이 항공기의 강국으로 자리매김하게 되지만, 라이트 형제 전후에서 제1차 세계대전까지 초기 항공기 개발에 가장 역동적이고 선도적인 나라는 프랑스였다.

이는 국가에서 수학과 과학을 장려하고 엘리트 교육을 강력하게 주도했던 결과로, 의도했든 의도하지 않았든 우수한 엔지니어들이 항공기 개발에 참여했기 때문이다. 또한 1783년 몽골피에Montgolfier 형제가 설계한 유인 열기구가 파리에서 처음 비행에 성공한 이후, 1794년 세계 최초로 프랑스 기구단이 설립되는 등, 비행에 대한 열정이 세계 어떤 나라보다 더 컸던 것과도 관련이 있었다.

라이트 형제나 또는 나중에 다룰 독일 엔지니어들에 비해 그리 알려지지는 않았지만 몇몇 프랑스 엔지니어를 기억하는 것은 분명 중요한 일일 것이다.

# 아우베르투 산투스두몽

초기의 열기구 등을 제외하고 가장 먼저 다룰 인물은 아마도 아우베르투 산투스두몽(Alberto Santos-Dumont, 1873~1932)일 것이다.

그는 브라질 사람으로 프랑스에 거주하고 있었다. 처음에는 비행선에 관심이 많아 자기 비행선으로 에펠탑을 선회하여 상금을 타기도 했지만, 곧 비행기 제작과 시험에 착수했다. 1906년 10월 23일(라이트 형제보다 2년여 뒤), 파리에서 유럽 최초로 공개 시범 비행을 펼쳤다.

'14 비스bis' 호로 이름 붙인 이 비행기는 승강타가 주날개보다 앞에 있었고, 마치 상자들을 붙여 놓은 듯한 형태로서 기본적으로 복엽기였다.

산투스두몽이 양복 차림으로 조종하여 약 60미터를 날아오른 이 시험 비행은 엄청난 파장을 일으켰다. 이 비행은 사실 잠시 하늘에 떠 있었던 것에 지나지 않았지만 프랑스 항공클럽에서 인정한 유럽 최초로 '공기보다 무거운' 기계의 비행이었으며, 지금도 '공기보다 무거운' 최초의 비행이 프랑스에서 이루어졌다고 (프랑스인들이) 주장하는 배경이 되고 있다.

그는 비행기의 기동성을 높이기 위해 처음으로 움직이는 날개를 사용했으며, 이

아우베르투 산투스두몽

것이 곧 보조날개와 같은 기능이었다.

그는 앞으로 점점 중요하게 될 엔진의 '중량 대 출력 비power-to-weight ratio'를 연구하여 성능 발전을 이루고자 한 최초의 엔지니어였다. 그의 마지막 비행기는 드무아젤Demoiselle로 단엽기였다. 초기의 14 비스 호보다 엔진 출력은 줄었지만 최고속도는 높아졌다.

이 비행기는 형태에서 현대의 비행기와 더욱 닮아 있다. 육각형 형태의 꼬리날개로 조종이 되었고, 날개 와핑으로 선회가 가능했다. 최고속도는 시속 100킬로미터에 가까웠다.

그는 항공기가 새로운 시대를 여는 도구이기를 바랐고, 자신의 연구 성과를 다른 사람들이 사용할 수 있게 공개하기도 했다. 하지만 항공기가 브라질 호헌혁명 등과 같은 전쟁에서 인명살상 도구로 사용되는 것을 보자 크게 실망했다. 그는 1932년 자살한 것으로 알려졌다. 브라질에서 그는 '브라질 항공기의 아버지'로 존경받고 있으며, 오늘날 브라질의 항공산업이 발달하게 된 기원을 마련한 인물이다.

당시 신사들이 사용하던 회중시계(주머니시계)는 조종사가 비행 중 시간을 보는 데 매우 불편하고 위험했다. 산투스두몽은 친구 **카르티에**Louis Cartier에게 이런 점을 이야기하자 카르티에가 그를 위해 손목에 차는 시계를 만들어 주었다. 이 시계가 현대적인 손목시계의 출발이 되었고, 지금은 '산투스 드 카르티에Santos De Cartier'이라는 명품시계로 자리 잡았다.

시범 비행 중인 산투스두몽의 14 비스(40km/h, 가솔린 수냉식 엔진 50마력)

비행 중인 산투스두몽의 드무아젤(최고속도 90km/h, 가솔린 수냉식 엔진 30마력)

# 루이 블레리오

루이 블레리오

루이 블레리오(Louis Blériot, 1872~1936)는 초기 비행시대에 프랑스뿐만 아니라 세계적으로 매우 중요한 인물로 손꼽히고 있다. 프랑스 최초의 사립 공학교육기관인 중앙공예학교(École Centrale. 구스타브 에펠, 아르망 푸조, 앙드레 미슐랭 같은 당대의 주요 기술자를 배출)를 졸업한 그는 자동차 헤드라이트 제조업으로 부자가 되었고, 그 부를 바탕으로 항공기 개발에 뛰어든다.

초기의 시험은 새처럼 날개를 아래위로 움직여 날아오르는 비행기를 제작하면서 실패를 거듭하다가 1907년, 마침내 최초의 단엽기인 블레리오 5호를 거쳐 블레리오 7호로 성공의 기회가 마련된다. 이 비행기는 500미터를 비행했고 영국 해협을 횡단하게 될 블레리오 11호의 기본 형태를 갖추게 된다.

세계 최초로 영국 해협을 횡단한 블레리오 11호는 앞쪽에 3기통 안차니Anzani 엔진을 장착했다(뒤에 다루는 시코르스키도 이 엔진을 구입했다). 프로펠러가 비행기를 당기는 방식(견인식tractor type. 라이트 형제의 플라이어 호는 프로펠러가 비행기를 미는 방식인 추진식pusher type)이었고, 엔진과 조종석은 동체 내부에 넣었다.

하부에 자전거와 같은 바퀴가 세 개 붙어 있으며, 앞쪽에 주날개, 뒤쪽에 꼬리날개가 있는 형태였다. 비록 25마력에 지나지 않은 오토바이 엔진을 장착했지만 곧 다가올 모든 비행기의 형태의 원형이었다.

　무게를 최대한 줄이기 위해 와이어 버팀 구조에 직물로 감싸서 조종사를 보호하는 방식으로 동체를 구성했다. 착륙할 때 충격을 흡수하기 위해 앞쪽 바퀴는 고무줄rubber bungee을 사용했고, 뒤쪽은 구부러진 스프링을 사용했다.

　조종은 와이어를 당기는 것으로 하고, 좌우 거동은 날개 뒷전trailing edge을 뒤트는 것으로 가능했고(곧 라이트 형제의 날개 와핑과 같은 기술), 수직타와 승강타를 조종했다. 초기 대부분의 비행기처럼 날개가 얇아 외부 하중에 취약했다.

　영국 해협을 항공기로 건너는 이 행사는 사실 영국의 일간지 〈데일리 메일Daily Mail〉 사에서 신문을 팔기 위해 준비했다. 처음에는 상금이 500파운드였다가 1000파운드로 올라갔다. 블레리오는 연료관 파열로 화상을 입은 상태였지만, 1909년 7월 25일 안개 낀 프랑스 칼레Calais를 출발하여 나침반이나 항로 유도도 없이 36분을 비행하여 영국 땅에 도착했다. 불시착이긴 했지만, 어쨌든 해협을 건너는 데 성공했다.

　신문사의 행사였던 이 비행의 성공은 언론에 대대적으로 보도되었고 그는 갑자기 주요인물이 되었다. 영국 해협 횡단 성공의 의미는 무엇이었을까?

　이 비행기를 130대 만들면서 블레리오는 사업가로 성공하게 된다. 프랑스는 항공기에서 선도적인 위치를 상징적으로 또는 실질적으로 차지하게 된다. 정치적으로는 이제 영국은 더 이상 바다만을 믿고 있을 수 없게 되었다는 의미이기도 했다.

　그는 벨기에 사람인 아르망 듀펠듀상Armand Deperdussin의 듀펠듀상 항

독일 드레스덴 교통박물관에 전시 중인 블레리오 11호

블레리오 11호(최고속도 58km/h, 가솔린 공랭식 엔진 25마력)

영국 해협 횡단 직후, 영국에 불시착한 직후의 블레리오 11호

공기생산조합(Société pour les Appareils Deperdussin, 줄여서 SPAD) 사를 인수하여, 제1차 세계대전 동안 가장 유명한 프랑스 전투기인 SPAD XIII를 제작했다.

## 앙리 파르망

영국인 신문기자의 아들이지만 프랑스에서 자란 앙리 파르망(Henri Farman, 1874~1958)은 스피드 광으로서 모험적인 생활을 좋아했다. 자전거 경주와 자동차 경주, 그리고 서른이 넘으면서는 비행기에 빠져들었다. 그는 부아장Voisin 형제(가브리엘Gabriel과 샤를Charles)라는 걸출한 엔지니어들이 설계한 비행기를 이용해 1908년 1월 13일 파리 근교에서 5만 프랑의 상금이 걸린 유럽 최초의 1킬로미터 선회 비행을 성공하여 자신의 이름을 대중에 알렸다.

물론 오빌 라이트가 1904년에 이미 성공한 비행이었지만, 파르망의 비행기는 수직타만 있었던 탓에 경사 선회를 할 수 없었고, 완만하게 회전하는 방식으로 선회 비행에 성공할 수 있었다. 다음에 다룰 랭스 항공대회에서 파르망은 180킬로미터를 날아 거리 경주에서 우승했다. 그는 파일럿으로 성공하면서 벌어들인 돈으로 부아장 형제들과 비행기 제작을 시작했고, 그들이 만든 비행기는 제1차 세계대전 기간 동안 정찰기 등으로 광범위하게 운용되었다.

앙리 파르망

부아장 형제의 비행기를 타고 1킬로미터 선회 비행에 성공한 앙리 파르망

## 랭스 항공대회

역사적으로 볼 때 당시에는 몰랐겠지만, 항공의 시대를 여는 상징적인 시점이 되는 행사가 1909년 8월 프랑스 랭스Reims에서 열렸다. 프랑스인들은 루이 블레리오의 영국 해협 횡단으로 프랑스가 항공 기술에서 다른 나라보다 우위에 있음을 다시 확인했다고 생각했다. 따라서 이를 기념하는 의미로 세계에서 처음으로 항공대회Air show를 열기로 한 것이다.

행사는 샴페인 제조업자 연합에서 주도했으므로 정식 명칭이 '샹파뉴대 비행주간Grande Semaine d'Aviation de la Champagne이었다. 이 행사에는 무려 20만 명이 참가했으며, 그중에는 프랑스 대통령, 영국의 주요 정치인 데이비드 로이드 조지David Lloyd George, 미국 전 대통령 시어도어 루즈벨트Theodore Roosevelt, 그리고 군대 고위 장교들도 있었다.

철도를 새로 놓고 특별 열차를 운행한 이 행사는 대단히 성공적이었으며, 이후 미국 등에서 비슷한 행사가 열리는 기폭제가 되었다. 이 항공대회는 속도, 고도, 거리의 세 분야에서 상금을 놓고 경쟁을 벌였다. 거리경주에서는 파르망이 우승을, 커티스는 시속 45.73마일(약 74킬로미터)의 속도로 날아 속도 경주에서 우승을 거두었다. 라이트 형제의 플라이어호를 타고 도전했던 파일럿들의 기록은 저조한 편이었다.

1909년 랭스 항공대회 포스터
프랑스 랭스 지역

랭스 항공대회에서 날고 있는 라이트 형제의 플라이어 호

항공 역사에서만큼은 지금도 프랑스인들의 자긍심과 사랑은 대단하다. 1898년 작가 쥘 베른Jules Verne 등을 포함한 세계 최초의 항공클럽Aero Club이 결성되었고 최근까지도 영국과 미국, 러시아와의 경쟁에서 그들만의 독창적인 모습을 보여주었다.

다음의 그림은 항공클럽 100주년을 기념하는 1998년 잡지의 한 면이다. 오른쪽 아래(검은색 동그라미 점선) 개선문 그림에 '항공 100주년Cent ans d'aviation'이라고

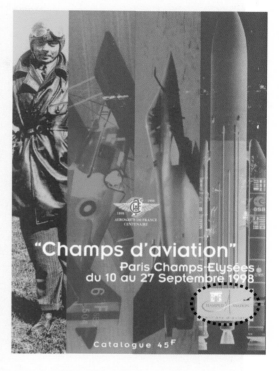

써 있다. 다시 말해, 라이트 형제의 첫 비행이 기준이 아니라 프랑스 항공클럽이 결성된 1898년이 항공 역사의 기준이라는 주장이다.

# 체펠린 Ferdinand von Zeppelin

## : 비행선의 아버지

■ ■ ■

라이트 형제가 '공기보다 무거운' 비행기를 선보이기 이전, 하늘을 날 수 있는 방법은 '공기보다 가벼운' 비행선airship이 유일했다. 비행선은 이전에도 이미 여러 국가에서 사용되었지만, 사람을 태우고 실제 이동 수단으로 거듭난 것은 체펠린Zeppelin 백작에 의해서였다.

비행기 출현 이전에 독일 사람들이 생각하는 하늘을 나는 기계는 비행선뿐이었다. 체펠린의 역사는 당시 열강에 뒤이어 새로운 열강으로 발돋움하던 독일 공업의 역사이자, 50세가 넘어 새로운 세계를 연 한 인간이 보여준 의지의 역사라고 할 수 있다.

페르디난트 폰 체펠린(Ferdinand von Zeppelin, 1838~1917) 백작은 독일 통일 전 뷔르템베르크Württemberg 왕국에 속해 있던 귀족 가문 출신이다. 왕국이 접해 있는 보덴 호(Boden See. 또는 콘스탄스 호Lake Constance) 근처 콘스탄스Constance에서 태어났다.

당시 귀족 가문 자제들이 일반적으로 그랬던 것처럼 그도 군사학교에 입교한 후 50대까지 기병장교로 복무했다. 그의 젊은 장교 시절에는 유럽에 특별한 전쟁이 없어 과학과 공학 등을 공부했다.

군사 연구를 위해 그 당시 큰 전쟁이었던 미국의 남북전쟁에 관심을 가지고 북군에 자원 참전했다. 정찰 장교로 근무하면서 기구를 군사용 관측기구로 이용하는 것에 관심을 기울였다. 이후 프랑스–프로이센 전쟁(Franco-German War, 1870~71) 때, 열기구를 탈출 도구로 사용하는 것을 목격하면서 비행선이 좀 더 실제적으로 활용 가능성이 있음을 깨닫게 되었다.

페르드난트 폰 체펠린

## 비행선 제작의 시작

그는 상당히 앞선 1873년에 이미 대형 비행선을 설계한 적이 있고, 10여 년이 지난 후 국왕에게 다시 비행선 설계도와 그 필요성에 대한 보고서를 올렸다. **비행선**을 운송 수단으로 사용하려면 대형으로 만들어야 한다고 제안한 내용이었다.

그러나 실제로 비행선 제작에 돌입한 것은 프로이센의 압력으로 뷔르템베르크 군에서 퇴역한 이후였다. 그의 나이 56세인 1894년, 엔지니어 테오도어 코버Theodor Kober의 도움을 받아 경식 비행선의 설계도를 완성했는데, 훗날 실용화된 비행선과 근본적으로 동일했다.

이때까지 대부분의 경식 비행선은 자체 무게 때문에 이륙조차 어려웠다. 그는 알루미늄으로 뼈대를 제작하면 이 문제를 해결할 수 있다고 생각했다. 그는 설계도를 독일 최고 과학기구에 제출했고, 비록 특별한 문제점이 발견되지는 않았지만 비행선 제작에 동의를 얻지 못했다.

**비행선**은 연식(기구 안에 가스를 채우면 부풀어 올라 형태를 갖추는 방식)과 경식(가스를 제거하더라도 형태가 유지되는 구조물로 제작된 방식) 그리고 그 중간인 반경식이 있는데, 체펠린의 비행선은 경식 비행선이었다. 경식 비행선은 단단한 구조물을 유지하면서 공기보다 가벼워야 했으므로 일정한 크기여야 했다.

체펠린은 설계 개선을 진행하면서 1898년, 비행선 특허권을 획득하고 동력 비행선을 제작하기 위해 주식회사를 설립했다. 자본금으로 백만 마르크를 투자했으며, 비행선 제작과 시험 비행의 장소로 그가 잘 아는 보덴 호수 일대를 선택했다. 이 지역 지형과 날씨 등에 경험이 많았던 배경 이외에, 거대한 비행선을 운용하려면 호수의 잔잔한 표면에 설비를 준비하는 것이 유리하다고 판단했기 때문이다.

호수 위에 띄운 부유식 비행선 격납고에 사람들의 시선이 집중되었다. 사람들은 비행 성공에 대해 대체로 회의적이긴 해도 많은 호기심을 보였다. 마침내 1900년 7월 2일, 비행 시험이 있을 거라는 소식에 구경하려고 사람들이 찾아들었다. 비행이 실패할 거라고 생각하면서도 찾아온 것이었다.

이 첫 비행선 LZ 1은 격납고에서 떠올라 공중에 머물렀고, 16마력 엔진으로 초속 6미터의 속도로 천천히 비행했다. 비록 속도는 느렸지만, 비행선은 몇 분 동안 조종으로 제어를 받으며 날았다. 비행선 크기는 길이 128미터, 지름 11.7미터였고, 알루미늄 골격에 표피를 면직물로 붙여 공기와의 마찰을 줄였으며, 태양의 직사광선에서 **수소가스**를 보호하게 했다.

당시 비행선에 사용할 수 있는 기체는 **수소**가 유일했다. 헬륨가스가 발화되지 않는 안전한 기체라는 것이 제1차 세계대전 중에 이미 알려졌지만, 헬륨가스는 당시 미국에서만 채굴할 수 있었고, 발화하는 것을 제외하면 장기간 비행하는 비행선에 수소가스가 더 안정적이라고 판단했다.

부유식 격납고에 들어 있는 첫 비행선 LZ 1

보덴 호수 위에 떠 있는 첫 비행선 LZ 1

이 첫 비행선은 세 차례 비행에 성공했지만, 그는 가진 자금을 모두 사용해 버렸다. 정부에 추가 지원을 요청했지만 지원을 받을 수 없었다. 이유는 그 정도의 시험으로는 믿기 어렵다는 것이었다.

그 후 5년 동안 체펠린은 자금을 마련하기 위해 백방으로 힘을 썼다. 마침내 1905년, 뷔르템베르크 국왕이 자금을 지원하고 알루미늄 제조업체가 자재 제공을 약속하면서 그의 나이 67세에 두 번째 비행선을 제작했다. 밤낮을 가리지 않고 첫 비행선의 약점을 개선하는 작업을 진행했고, 엔진도 발전을 거듭했다. 하지만 첫 시험 비행에서 앞쪽의 조타 기어가 고장 나면서 바람을 타고 스위스 국경까지 표류하게 되었다. 가까스로 수리했지만 다시 겨울 폭풍에 휘말려 결국 이 비행선은 폐기해야 했다.

그는 이에 굴복하지 않고 세 번째 비행선 LZ 3을 제작해 1907년 10월 1일, 350킬로미터를 약 8시간 비행하는 데 성공했다. 이 성공으로 사람들의 인식이 바뀌었고, 정부의 지원을 받기 시작했다. 이후 몇 번의 실패와 비행 사고를 겪은 뒤 그의 비행선은 독일제국의 발전과 위대함의 상징처럼 여겨졌고, 독일 국민의 절대적인 지지를 받으면서 국민들의 성금이 이어졌다.

**비행선**이 독일에서만 제작된 것은 아니었다. 이탈리아를 포함하여 여러 나라에서 개발이 진행되고 있었다. 프랑스에서 최초로 비행기의 비행을 성공한 산투스두몽도 비행선으로 에펠탑을 돌아 유명해졌다. 독일에서 비행선이 인기를 끈 배경에는 당시의 상황—민족주의에 따른 국가 간 갈등—과 이를 이용하려는 국가의 정치적인 의도가 있었던 것으로 알려졌다.

부유식 격납고에 있는 체펠린이 세 번째로 제작한 비행선 LZ 3

350킬로미터를 약 8시간 비행하는 데 성공한 LZ 3

# 비행선 제작 기술

비행선은 알루미늄 합금인 두랄루민으로 뼈대를 만들면 그 무게를 강철 뼈대보다 3분의 1 수준으로 크게 줄일 수 있었다. 기체주머니gas bag는 처음에는 고무 처리를 한 면직물이었지만 상대적으로 무거웠고 발화 가능성이 있었다.

체펠린 백작은 여러 재료를 시험하여 소의 내장을 가죽처럼 만든 재질에 금박사goldbeating beater를 사용했다. 이렇게 하면 수소가스를 더 잘 보관할 수 있고, 마찰 등에 따른 전기적인 발화를 예방할 수 있었다.

수소 폭발로 두 척의 비행선을 잃은 뒤, 1912년 바로 표피 제조공장을 세웠다. 하지만 이 금박사 표피는 크기가 너무 작아 얇은 면직물에 이어 붙여야 한다는 것이 약점이었다. 1917년 이후로 면직물 대신 아주 가볍고 거의 투명한 실크를 사용했다.

1909년, 체펠린 비행선에 들어갈 엔진을 제작하기 위해 마이바흐 엔진공장Maybach Motor Factory이 설립되었다. 1912년, 첫 마이바흐 엔진 140, 180마력이 제작되었다. 1917년, 완전히 새로운 260~320마력의 엔진을 제작했다. 이는 최초의 과압축supercompression 엔진이었고, 곧바로 항공기에 가장 적합한 엔진으로 인정받아 1918년 후반까지 선도적인 항공기 엔진 제작사 역할을 했다.

우리가 알고 있는 고급 승용차 마이바흐Maybach가 바로 이 마이바흐 엔진공장에서 유래했다. 빌헬름 마이바흐(Wilhelm Maybach, 1846~1929)는 다임러 자동차 회사에서 자동차 개발의 주역으로 일하다가 1909년 항공기용 엔진 제작회사를 설립했던 것이다.

처음에는 순전히 비행선에 사용할 엔진만을 제작했다. 제1차 세계대전 후 독일 대부분의 항공기 관련 회사가 그랬듯이, 항공기 관련 산업이 베르사유 조약에 따라 제약을 받자 1919년 메르세데스Mercedes 섀시chassis를 이용해 자동차를 제작했고, 곧 고급 승용차 제작사로 성장했다.

이 밖에도 항공기 관련 회사에서 자동차 제작으로 사업을 변경한 사례로는 고급 차 제작회사로 변신한 베엠베(BMW: 바이에른 엔진 제작주식회사 Bayerische Motoren Werke AG), 부아장Voisin 등이 있다. BMW의 전신인 Rapp 엔진 제작사Rapp Motoren Werke는 독일 항공기 엔진을 만드는 회사였지만, 마이바흐와 마찬가지로 제1차 세계대전 이후 항공기 엔진을 제작할 수 없었다. 이와 반대로, 영국의 롤스로이스Rolls-Royce는 나중에 '미첼' 편에서 다시 다루겠지만, 자동차를 만들다가 곧 항공기 엔진을 제작했고 지금도 뛰어난 성능의 제트 엔진을 생산하고 있다.


## 상업 비행선 시대의 도래

체펠린은 독일 국민의 애국적인 성원으로 모금된 자금으로 1908년 항공운항 재단을 세우고, 체펠린 제작회사를 설립하여 비행선과 그 밖에 관련된 개발을 진행했다.

새로 제작된 비행선 '체펠린Zeppelin Z 1'이 1909년 4월 1일 보덴 호수에서 뮌헨까지 첫 비행을 했다. 이 비행선은 뮌헨에서 강한 폭풍을 견뎌내어 비행선의 실제 활용 가능성을 입증했다.

1910년, 체펠린 백작이 세운 델락(DELAG : Deutsche Luftschiffahrts-AG., 곧

German Airship Transportation Co.)에서 비행선을 이용한 승객과 화물 수송 서비스가 시작되었다. 비록 비행을 시작한 첫해에 기상정보와 경험이 부족했던 탓에 어려움이 있었지만 큰 문제가 되지는 않았다.

1910년의 작은 사고를 무사히 넘기자 1911년 이후부터 별 어려움 없이 정기적인 비행 서비스를 유지했고, 1914년까지 수만 명이 비행선을 이용했다. 보덴 호수의 격납고는 많은 사람들이 찾아오는 비행선의 중심지가 되었다.

체펠린 비행선 슈바벤(길이 140미터, 지름 14미터, 70km/h, 145마력 마이바흐 엔진)

체펠린은 국가 영웅으로 대접받았고, 그는 이 비행선이 세계를 하나로 이어주는 다리가 될 수 있을 것이라고 생각했다. 상업 비행의 안전조건과 안정성을 만족한 첫 비행선은 아마 슈바벤Schwaben일 것이다. 이 비행선은 길이가 140미터, 지름이 14미터였다. 145마력의 마이바흐 엔진은 시속 70킬로미터의 속도로 비행이 가능했다. 각 비행선은 승무원을 제외하고 24명 정도의 승객을 운송할 수 있었다.

## 전쟁 도구로서의 비행선

군에서 볼 때 비행선은 아주 유용한 전쟁 도구였다. '비행선에 의한 폭격'은 제1차 세계대전 이전에 이미 소설에 등장할 만큼 상상 속에서는 이미 실현되어 있었다. 체펠린은 제1차 세계대전이 끝나기 전에 세상을 떠났지만, 생전에 그의 비행선들이 전쟁에 사용되는 것을 보았다.

해군 강국인 영국에 대응 방식을 고심하던 독일 해군은 1914년 봄, 비행선 L 3을 전달받았다. 속도는 시속 70킬로미터에 고도는 2800미터로 3톤의 중량을 운반할 수 있었다. 체펠린 백작의 제안에 따라 제1차 세계대전 초기에 비행선은 초계 기능에 운용되어 서부와 동부 전선을 오가며 연합군 기동 정보를 얻어냈다.

전쟁 기간인 4년 동안 '공기보다 가벼운' 항공 분야에서 놀라운 기술 발전이 이루어졌다. 비행 속도는 최대 시속 130킬로미터로 빨라졌다. 출력은 2천 마력, 유효 적재량은 44톤까지 높아졌다. 끊임없는 시험으로 성능 개선이 이루어졌다. 골격은 더 가볍고 튼튼해졌으며, 언제 어디서든 수리를 할 수 있게 표준화되었다.

그러나 비행선을 이용한 전투의 실상은 독일군 기대에 훨씬 미치지 못했다. 제1차 세계대전 시작 첫 번째 달에만 비행선 네 척이 격추되었다. 1915년 1월 체펠린 L 3의 영국 동부 노퍽Norfolk 해안 공습과 1916년 9월 L 37 등의 공습이 이어졌지만, 대전 전체의 인명 손실에 비하면 아주 가벼운 피해만 입혔을 뿐이었다.

비행선은 날씨에 크게 영향을 받았고, 특성상 적군의 비행기와 지상 포대에 쉽게 표적이 되었다. 특히 주간 비행은 어려웠다. 독일군은 이 약점을 비켜 가려고 야간 비행으로 연합국 교량 파괴 등의 임무를 수행했다.

연합군은 비행선을 방어할 방법을 고안했다. 바로 상승 능력이 뛰어난 비행기를 이용하는 방법이었다. 이 때문에 비행선은 더 높은 고도로 올라가야 했다. 그러나 1915년 워너퍼드Reginald A. J. Warneford 소위나 1916년 로빈슨William Leefe Robinson 중위가 비행선을 격추한 사례에서 보여주듯이, 비행선은 작은 비행기를 막아내기 어려웠다.

『타임 머신The Time Machine』(1895), 『우주 전쟁The War of the Worlds』(1898)으로 유명한 영국 소설가 웰스(Herbert George Wells, 1866~1946)는 1907년에 발표한 소설 **공중 전쟁**The War in the Air』에서 독일 비행선이 대서양을 건너 미국을 폭격하는 내용을 묘사했다. 그의 소설은 비행선의 가능성을 정도에 지나치게 묘사했지만, 실제로 독일 비행선이 영국을 공습하자 영국 시민에게 큰 영향을 주었다.

체펠린 비행선의 잔해. 1916년 영국 공습 도중 공격을 받아 체펠린 L 33이 영국 에식스Essex 지방에 불시
착했는데, 독일군은 비행선을 스스로 불태워 버렸다. 이 사진은 그 잔해를 찍은 것이다.

일단 피격되면 비행선 전체가 소실되기 쉬워서 막대한 피해를 입을 수밖에 없었다. 1916년 공습 이후로 영국은 효과적으로 비행선 공격을 막을 수 있다고 판단한 반면, 독일은 비행선이 겉보기만큼 그렇게 유효한 무기가 될 수 없다고 생각하기 시작했다.

제1차 세계대전 동안 4개 공장에서 건조된 비행선 88척 가운데 60척이 손실되었고, 그중 34척은 전투가 아닌 악천후가 원인이었다.

전쟁의 조짐으로 여러 나라에서 비행기를 전쟁 도구로 사용하는 것을 고려할 때, 독일은 비행기보다 비행선에 더 관심을 가졌고, 이는 기술 잠재력이 컸던 독일에 뼈아픈 실수였음이 나중에 명확해진다.

사실 비행선을 전투용으로 고려하기 시작했을 때, 이미 비행선이 비행기보다 불완전하고 전투에 적합하지 않다는 것이 어느 정도 증명되어 있었다. 폭풍이나 바람에 매우 취약하고, 크기가 커서 기동에 불리하고 적의 목표가 되기 십상이었다.

그럼에도 독일의 비행선에 대한 열정과 투자는 결과적으로 비행기 제

비행선 폭격으로 죽기보다 군에
입대하라고 장려한 영국 정부의 포스터

작과 발전을 늦추게 되는 원인이 되었다. 그 밖에 더 현실적인 문제로 비
행선은 비행기에 비해 제작 비용이 너무 컸다.

비행선은 영국 사람들에게 공포심을 일으키는 등, 심리적인 영향이 더
대단했던 것으로 알려져 있다. 이와 달리, 독일인들은 실제보다 더 비행
선을 과대평가했다. 비행선에 관한 독일 유행가가 이러한 상황을 상징적
으로 보여준다.

> 날아라 체펠린, 우리 전쟁을 도와다오. 영국으로 날아라. 영국
> 이 불바다가 될 거야.

# 제1차 세계대전 이후의 비행선

체펠린 백작의 사망 이후 그리고 제1차 세계대전 이후에도 비행선은 계속 운용되었다. 제1차 세계대전 종료 후 베르사유 조약으로 독일은 하늘을 나는 기계를 일절 만들 수 없었지만, 체펠린 항공사는 미 해군에 비행선을 제공하고 미국 굿이어Goodyear 사와 합작사를 세우는 방식으로 기적적으로 생존할 수 있었다.

1920년대 후반 독일에서 만든 체펠린 백작(LZ 127 Graf Zeppelin) 호는 인류 역사상 하늘을 나는 가장 큰 기계였고, 길이가 점보제트기의 4배로 63빌딩 높이와 거의 비슷했다. 1929년, 이 비행선은 16명의 승객과 37명의 승무원(승무원이 더 많았다)을 태우고 21일 만에 세계 일주를 하는 등 이후 10년 가까이 운행되었다.

무선 방향 탐지기를 포함하여 최신 비행 장치를 보유한 이 비행선에서 가장 놀라운 점은 승객에게 제공하는 격조 높은 여행 경험이었다. 곤돌라의 여객실은 조용하고 공간이 상당히 넓었으며 실내 온도는 쾌적했다. 비싼 포도주와 고급 요리를 제공하는 등 체펠린 백작 호의 호사스러움을 최대한 강조했다.

그러나 이런 호사스러움을 강조하는 것은 곧 의도적으로 이 비행선의 심각한 단점을 감추는 것이었다. 겨우 20명도 안 되는 유료 승객을 수송하는 거대한 운송 수단이었지만, 많은 사람들은 미래의 운송 수단으로 여기기까지 했다.

그러나 비행선의 시대는 1937년 LZ 129 힌덴부르크Hindenburg 호가 미국 뉴저지의 계류탑 근처에서 불길에 휩싸여 완전히 타 버림으로써 종말

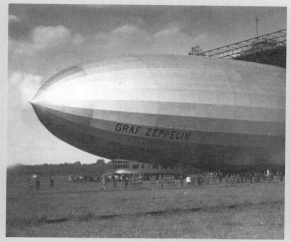

사진만으로도 체펠린 백작 호의 크기를 가늠할 수 있다. 이 비행선의 길이는 236.5미터였다.
(최고속도 115km/h, 5발 550마력 마이바흐 엔진)

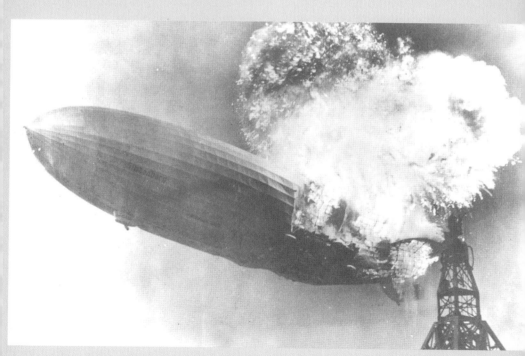

화염에 휩싸인 뉴저지 상공의 힌덴부르크 호(1937년 5월 6일)

을 맞이했다. 이 참사의 원인은 아직까지도 명확하게 알려져 있지 않지만, 적어도 전 세계에 보도된 이 사고로 비행선의 위험성이 극적으로 그리고 확실하게 알려졌다.

이 사건이 아니었더라도 비행기가 점차 안전한 교통수단으로 널리 이용되면서 비행선은 곧 사라질 운명이었다. 약 30년 동안 제작된 160여 척의 비행선 가운데 60척이 사고로 손실되었기 때문이다. 비행선이 적어도 여객 수송에 적합하지 않다는 사실은 확실했다.

**05**

# 항공 기술의 혁신을 일으킨
# 제1차 세계대전

■ ■ ■

앞에서 다룬 이들은 제1차 세계대전 이전에 항공 기술 발전에 이바지한 엔지니어들이었다. 비행기의 비밀이 밝혀지고, 곧 이어진 제1차 세계대전(1914~1918)은 항공 기술의 혁신을 일으켰다. 이는 라이트 형제도 미처 예측하지 못한 부분이었다. 그들은 비행기를 겨우 정찰기 정도로만 사용할 수 있을 것이라고 생각했다.

일일이 늘어놓을 수 없는 수많은 새로운 기술들이 제1차 세계대전 동안 개발되고 발전했다. 이런 기술들을 자세하게 살펴보는 것은 이 책의 목적이 아니다. 그렇지만 이후 등장하는 이야기를 더 잘 이해하기 위해, 항공 기술 역사에서 중요하게 다루는 사실들을 간략하게나마 살펴보기로 한다. 좀 더 상세한 내용은 관련 도서에서 확인하기로 하자.

제1차 세계대전은 '참호전trench warfare'이라고 불릴 만큼 각 진영에서 참호를 파고 공방을 벌이던 전쟁이었다. 상대방의 참호를 돌파하기가 어려워 이 전쟁은 지루하게 이어졌고, 그저 몇 킬로미터를 오르내리는 공방전으로 수많은 군인들이 소중한 생명을 잃었다.

전투기의 형태도 아직 완전히 현대적인 형태는 아니었다. 전쟁 직전의 속도 경쟁에서 우위를 차지한 것은 앞에서 다룬 듀펠듀상 등이 제작한 단엽기였다. 하지만 날개가 얇아야 비행기 성능이 좋다는 선입관에 단엽기가 당시 날개가 얇아 하중을 견디기 어렵다는 선입관이 덧붙어 전쟁의 주류는 복엽기가 되었다.

1914년 전쟁이 발발하자 육군의 수는 백만 단위의 숫자를 오르내렸으나, 전선에 배치된 비행기의 수는 겨우 500기가 조금 넘었다. 전쟁 초기에 비행기의 주요 역할은 적 진영을 탐색하거나 적군의 이동경로를 알아내고, 포격을 위해 정찰하는 수준이었다.

## 타우베, 최초의 정찰기

가장 먼저 알려진 정찰기는 독일의 타우베(Taube, 비둘기)라는 단엽기였다. 독일은 동부전선 대 러시아 전투에 타우베를 정찰기로 활용하여 열세인 병력을 적재적소에 배치함으로써 전투를 승리로 이끌었다.

： 비행 중인 타우베(최고속도 97km/h, 100마력 메르세데스 엔진)

←···1917년 〈뉴욕 타임스〉 1월 1일자 1면에 밑에서 촬영한 타우베가 실렸다.

비록 파리에 폭탄을 떨어뜨리기도 했지만, 타우베는 최고속력이 시속 97킬로미터에 지나지 않았고, 보조날개 대신 날개 와핑 기술을 사용하는 구식 비행기라 곧 일선에서 물러나야 했다. 비행기에 관한 한 우위에 있던 프랑스가 성능이 더 좋은 비행기를 하늘에 띄우자 비행기는 점차 전투 무기로서의 면모를 갖추게 되었다.

## 프로펠러는 기체 앞, 기관총은 프로펠러 뒤에

라이트 형제의 비행기는 이착륙 장치로 스키를 이용했고 날개 와핑으로 조종을 했으며 프로펠러는 비행기 뒤쪽에 있는 추진식pusher type이었다. 제1차 세계대전에 들어서면서 스키 대신 바퀴가, 날개 와핑 대신 보조날개가, 그리고 프로펠러가 비행기 앞쪽에 붙는 견인식tractor type이 주

에어코 DH 2. 프로펠러는 뒤에, 기관총은 앞에 장착되었다.

류를 이루기 시작한다.

정찰기에 지나지 않았던 비행기는 곧 서로를 공격하고 또 방어하는 무기로서의 면모를 갖추게 된다. 권총 등으로 공격하기 어려워 기관총이 장착되었지만 견인식 비행기의 경우 기관총 탄환이 프로펠러에 스칠 가능성이 있었다. 따라서 영국의 에어코Airco DH 2 같은 전투기는 추진식 비행기로 앞쪽에 기관총을 장착했다. 파일럿은 조종을 하면서 기관총으로 사격을 해야 했다.

문제는 추진식이 견인식보다 효율과 기동성이 떨어진다는 점이었다. 따라서 프로펠러를 앞에 장착하고 동시에 앞에 있는 적기에 기관총을 발사할 수 있는 기술이 필요했다. 이 문제를 처음 해결한 사람은 프랑스 전투기 조종사인 롤랑 가로Roland Garros였다. 방법은 간단했다.

그저 모란—솔니에르Morane-Saulnier N형 비행기의 프로펠러에 비스듬하게 금속판을 붙여 설사 총탄이 프로펠러에 맞더라도 튕겨 나가게 한

프로펠러에 금속판을 장착한 모란-솔니에르 N형(오른쪽). 조종석에 앉아 있는 사람이 롤랑 가로이다.

것이었다. 이렇게 하면 일부 총탄은 프로펠러에 부딪혀 튕겨 나가지만 대부분의 총탄은 발사되었다. 이 비행기로 롤랑 가로는 18일 동안 독일 기 세 대를 격추함으로써 그 효과를 증명했다.

이 기술은 곧 네덜란드 출신의 **안토니 포커**(Anthony Fokker, 1890~1939)가 더 정교한 동조 장치로 발전시켜 프로펠러 날개 사이로만 총탄이 발사될 수 있게 했다. 이 기술로 만든 전투기가 유명한 포커 아인데커(Fokker Eindecker. 아인데커는 '단엽기'란 뜻)였다. 구조적으로 취약했지만 전방에서 기관총을 발사하는 이 전투기의 등장으로 1915년 당시 한동안 연합군은 '포커의 재앙Fokker Scourge'에 시달려야 했다.

기관총과 프로펠러를 동조한 기계식 사격장치로 항공기 계통에서 이름을 알리기 시작한 **안토니 포커**(Anthony Fokker, 1890~1939)는 네덜란드의 부유한 가문 출신으로 비행기에 미쳐 있던 젊은이였다. 독일의 관료나 파일럿과의 가까운 친분을 바탕으로 비행기를 제작·공급하여 제1차 세계대전에서 엄청난 부를 이루었다.

　혁신적인 엔지니어는 아니었지만 사업가로서 뛰어난 능력을 지녔고 야망이 컸던 그는 제1차 세계대전 종전의 대가로 독일에서 항공기를 만들 수 없자 재빠르게 네덜란드로 돌아갔다. 네덜란드의 KLM 같은 항공사는 전후 포커가 제작한 비행기로 사세를 크게 확장했다.

　1922년, 미국으로 이주한 그는 3발 엔진 비행기를 제작하여 미국에서도 큰 인기를 얻었지만, 1931년 유명한 축구감독 크누트 로크니Knute Rockne를 태운 포커 F-10이 추락하여 감독을 포함하여 8명이 사망하자 비행기의 안전성에 크게 의심을 받았고, 이후 보잉 등 미국 항공기 제작사에 시장의 우위를 넘겨주어야 했다.

## 어떤 엔진을 사용할 것인가?

　전투에 사용된 비행기의 엔진 출력은 전쟁 초 80마력에서 1918년 최대 400마력까지 급격하게 높아졌다. 엔진은 형태에 따라 크게 두 가지로 분류할 수 있는데, 공랭식 로터리rotary 엔진과 액랭식 인라인inline 엔진이었다. **로터리 엔진**은 가볍고 간단하지만, 차츰 더 큰 출력이 필요해지면서 한계에 부딪혔다. 또한 고정된 크랭크샤프트crankshaft 주위를 실린더가 회전하는 공랭식 엔진으로 공기에 대한 저항이 크게 발생했고, 실린더 전체가 회전함으로써 엄청나게 큰 회전 관성이 발생했다.

하늘에서의 공중전은 적군 비행기의 꼬리를 물고 뒤에서 공격하는 것이 기본적인 공격 방식이므로 이를 개싸움에 비유해 도그파이트dogfight라고 불렀다. 로터리 엔진을 장착한 비행기는 큰 회전 관성 때문에 조정이 매우 어려웠는데, 그럼에도 파일럿들은 기동성이 필요한 공중전을 아주 잘해냈다.

**로터리 엔진**의 회전은 마치 커다란 팽이가 돌아가는 것과 비슷하다고 할 수 있다. 돌아가는 팽이는 넘어지지 않고 서 있는 자세를 유지하려는 성질(자이로스코프 효과)이 생기는데 이는 회전 관성 때문에 발생한다. 회전 속도가 클수록 그리고 무거울수록 이런 성질이 커지므로, 회전하는 커다란 로터리 엔진을 장착한 비행기는 자세를 바꾸는 것이 까다로울 수밖에 없었다.

: 로터리 엔진이 얼마나 간단한지 알 수 있다. 실린더는 돌지 않고 프로펠러만 회전하는 레이디얼radial 엔진과 함께, 별처럼 생겼다고 해서 성형星型 엔진이라고도 한다.

⋯ 파리 기술공예박물관Musée des Arts et Métiers에 전시 중인 놈 로터리 엔진Gnome rotary engine은 실린더 전체가 프로펠러와 같이 회전하는 대표적인 로터리 엔진으로, 중량 대비 출력이 좋았다.

프랑스의 뉴포르Nieuport 17과 영국의 숍위드 카멜Sopwith Camel 같은 전투기에 로터리 엔진을 사용했다. 이 로터리 엔진을 장착하고도 공중전에서 뛰어난 성과를 낸 파일럿으로는 포커 Dr. I(Dr은 dreidecker, 곧 삼엽기를 의미)을 조종하여 '붉은 남작Red Baron'이라고 불린 독일의 파일럿 만프레트 폰 리히트호펜Manfred von Richthofen이 유명하다. 비행기를 붉은색으로 칠해 붙인 별명이었다. 로터리 엔진의 단점이 드러나자 제1차 세계대전 후에는 실린더를 고정하고 크랭크샤프트만 회전하는 레이디얼 엔진으로 교체했다.

로터리 엔진보다 더 복잡하고 부피도 더 컸지만, 지금의 자동차 엔진과 유사한 인라인 엔진은 액랭식으로 신뢰성을 높임으로써 더 빠른 비행기를 제작할 수 있게 되었다. 여러 개의 실린더를 직선으로 세워 인라인

당시 유명한 엔진으로는 RAF S.E. 5a와 SPAD XIII에 사용된 **히스파노-스위자 엔진**(Hispano-Suiza Engine, 곧 스페인-스위스 엔진. 회사 대표 두 사람의 국적으로 지은 이름이다)이나 롤스로이스Rolls-Royce 엔진 등을 들 수 있다. 모두 자동차 엔진을 제작하는 회사들이기도 하다.

히스파노-스위자 엔진은 스위스 출신 엔지니어 마크 비르키트Marc Birkigt 의 설계에 따라 알루미늄 실린더 블록 전체를 주조casting로 만들었다. 이 기술은 당시로서는 매우 혁신적이었는데, 그 전에는 각각의 실린더를 만들어 볼트로 연결하는 방식이었다.

히스파노-스위자는 제1차 세계대전 이후에 제작된 같은 이름의 고급 승용차로도 유명했다. 독일에서는 물론 메르세데스Mercedes나 이보다 성능이 뛰어난 것으로 알려진 BMW 엔진들이 제작되었다.

엔진이라고 하는데, 앞에서 볼 때 V 자 형태를 띤 V 엔진도 이 부류에 포함된다(V 엔진의 대표적인 예로는 '미첼' 편에서 다룰 '멀린Merlin 엔진' 참조).

결국 엔진 개발 경쟁에서 연합군이 승리했으며, 이는 다양한 엔진 제공선을 가졌기 때문이다.


# 단엽기, 복엽기, 삼엽기

치열한 전투가 벌어지던 독일 서부전선의 하늘은 적자생존 환경에 처했는데, 비행기들은 생존을 위해 계속 그리고 빠르게 진화했다. 게다가 대부분의 기술은 당연히 모방이 가능했다.

1916년, 프랑스 뉴포르 17이 마침내 '포커의 재앙'을 이겨내고 독일의 알바트로스Albatros D. II의 제공권을 위협하기 이르자 독일은 간단히 뉴포르에서 사용한 스파(spar, 날개 뼈대)가 하나인 아래 날개single-spar lower wing를 모방하여 알바트로스 D. III을 제작했다.

단순히 베낀 형태라 뉴포르 17에서 나타난 날개 파단(힘을 받아 절단되는 현상)과 비틀림 현상이 그대로 나타났지만, 이 전투기가 1917년 연합군에 막대한 피해를 준 이른바 '피의 사월Bloody April'의 주인공이었다.

마찬가지로 1917년, 영국 해군 항공대 소속 숍위드 삼엽기Sopwith Triplane의 기동성에 독일군이 충격을 받자, 안토니 포커는 만프레트 폰 리히트호펜을 위한 기체로 Dr. I를 만들었다. 삼엽기는 날개 수만큼 양력을 받기 쉬웠고, 날개 길이(약 7미터)가 복엽기의 날개 길이(약 8미터 이상)보다 짧아 회전 등의 기동성에서 훨씬 유리했다.

프랑스 뉴포르 17(위)와 독일 알바트로스 D.III(아래)은 형태로 보면 차이가 없다.

영국 솝위드 삼엽기
(최고속도 187km/h, 130마력)

독일 포커 Dr. I
(최고속도 165km/h, 110마력)

　이 책에 실린 뉴포르 17은 전투기로서 110마력 엔진에 날개 길이가 약 8.16미터이다.

　1922년 12월 10일, 한국인 최초로 국내 비행에 성공한 인물로 기록된 **안창남**이 여의도에서 이륙할 때의 뉴포르 15는 220마력의 르노Renault 엔진을 달고 날개 길이 17미터인 폭격기로 개발된 대형 비행기였다. 안창남의 국내 비행 성공은 일제 강점기 당시 곤궁한 삶을 살고 있었던 우리 국민의 사기를 크게 높여 주었다.


## 폭격기가 등장하다

　단발 엔진의 비행기 유용성은 이미 증명이 되었지만, 비행기 크기가 커져야 할 많은 이유가 있었다. 이 때문에 엔진 여러 개를 장착한 비행기를 생각했지만, 러시아의 시코르스키(Igor Sikorsky. 그에 관한 상세한 내용은 '시코르스키' 편 참조)가 그 가능성을 증명하기 전까지 누구도 이러한 비행기에 대해 확신을 갖지 못했다.

　1913~14년 무렵, 시코르스키의 시험 비행이 성공하자 전쟁 무기로서의 다발 엔진 비행기의 등장은 시간문제가 되었다. 그는 초기의 2발 엔진 비행기 르 그랑Le Grand를 시작으로 1914년 일리야 무로메츠(Ilya Muromets. 러시아 신화에 등장하는 영웅의 이름)을 제작하여 무려 2600킬로미터를 비행했다. 이때 엔진 1~2개가 문제가 생겨도 비행에는 문제가 없다는 것이 증명되었다.

시코르스키의 초기 4발 엔진 비행기 러스키 비트야즈(Russky Vityaz, '러시아 기사'란 의미, 1913년)

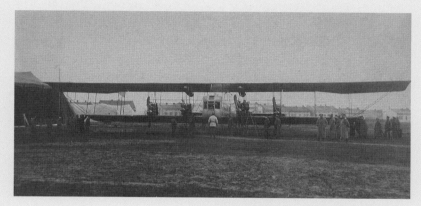

엔진 4개가 장착된 일리야 무로메츠 S-23 B형(1915년)

엔진 4개가 장착된 일리야 무로메츠 S-27형 폭격기 1916년 첫 비행

앞의 사진(111쪽)에서 보는 것처럼 발코니와 승객실 그리고 화장실이 별도로 있는 이런 대형 비행기는 곧 폭격기와 정찰기로 사용되었다.

한편, 1915년 이탈리아가 연합국 편에 참전하여 제1차 세계대전에 끼어드는데, 이탈리아군에는 앞으로 비행기를 전략적으로 이용해야 한다고 강력하게 주장한 줄리오 두에Giulio Douhet가 있었다. 그의 주장은 당시에는 이탈리아만 해당되었지만 곧 모든 나라의 공군 전략에 영향을 주게 된다. 그의 친구 잔니 카프로니Gianni Caproni는 그의 영향을 받아 대형 폭격기 설계에 주력했는데, 엔진 3발을 장착한 카프로니Caproni Ca.4가 바로 대표적인 폭격기였다.

줄리오 두에가 주장한 전략폭격strategic bombing은 이렇듯 두 발 이상의 엔진을 장착한 폭격기가 나타나면서 현실화되었다. 두에는 제1차 세계대전 당시 연합국이었던 이탈리아가 이러한 폭격 개념으로 독일을 이길 수 있다고 주장했다.

이탈리아의 카프로니 Ca.4(최고속도 135km/h, 3발 270마력 엔진). 앞에 프로펠러 두 개와 뒤에 프로펠러 한 개가 보인다.

이미 제1차 세계대전에 영국과 독일 양측에서 전략폭격을 실시했다. 전략폭격 작전은 장거리 비행기 기술을 발전시키는 긍정적인 면이 있었지만, 제2차 세계대전에는 폭격기의 성능이 크게 향상되면서 양쪽 모두가 큰 피해를 입었다. 특히 이 개념은 후방 민간인에 대해서도 군사 공격을 정당화했으므로 독일의 공업지대인 드레스덴Dresden 등 많은 지역에서 엄청난 인명 피해를 입었다.

적국 국민의 사기를 떨어뜨리고 경제 활동을 불가능하게 하려는 '전략' 적인 목적이 있었지만, 실제로 효과가 있었는지에 대해서는 의견이 분분하다.

제1차 세계대전 중에서 가장 뛰어난 폭격기는 4~6발의 엔진을 장착한 독일의 R Type 비행기로, 체펠린 슈타켄Zeppelin Staaken R. VI은 대량 생산으로 이어진 유일한 기체였다. 1917년 9월, 영국 폭격에 최초로 이용

체펠린 슈타켄 R. VI(최고속도 135km/h, 4발 260마력 메르세데스 엔진). 엔진 앞뒤로 프로펠러가 장착된 것을 볼 수 있다.

되어 영국을 크게 위협했다. 하지만 막바지로 치닫던 전쟁의 승패를 바꾸기엔 너무 늦은 시점이었다.


## 제1차 세계대전의 영향

제1차 세계대전이 항공 기술사에서의 의미는 겨우 날기 시작했던 비행기가 지금 현대전의 의미에서도 큰 차이가 없는 전술·전략적인 무기로 변모하게 되었다는 것이다. 기술의 발전은 비약적이었다. 정찰기에서 폭격기에 이르기까지 모든 형태의 비행기가 만들어지고 사용되었다.

제1차 세계대전 동안 대체로 독일의 전투기와 항공 기술이 우위인 것으로 평가받지만 그 차이는 큰 것 같지 않다. 반면, 독일의 비행기 생산량은 영국과 프랑스의 절반에도 미치지 못했고, 연료와 파일럿도 부족했다.

마침내 연합군의 미군 투입과 미국의 경제적인 원조로 독일에 결정적인 패배를 안겨주었다. 제1차 세계대전의 결과인 베르사유 조약(Treaty of Versailles. 1919년 6월 28일 조인됨)에 따라 독일군은 항공기를 일절 제작할 수 없었다(물론 연합국의 감시를 피해 독일은 항공 기술을 계속 발전시켰다. 이와 관련하여 '융커스' 편 참조).

항공기 기술 개발은 전쟁 후에도 계속되었고, 끊임없는 항공 기술의 발전으로 이제 대량 인명 피해는 다음 전쟁에서는 피할 수 없게 되었다.

**06**

황금시대가
열리다

■ ■ ■

제1차 세계대전으로 남겨진 항공기는 셀 수 없을 정도로 많았다. 공룡처럼 커진 항공기 제조업자들은 살 길을 찾아야 했고, 이와 더불어 비행기밖에 몰랐던 많은 젊은이들도 먹고살 길을 찾아야 했다.

이런 상황들이 당시에는 예측할 수 없었지만, 항공 역사의 황금시대Golden Age를 이루게 된다. 크게 두 개의 축이 이러한 시대를 이끌었다. 하나는 항공 경주와 기록 경신을 통해 대중에게 항공기를 알린 것이고, 다른 하나는 장거리 비행에 대한 도전이 상업 항공으로 이어진 것이었다.

두 가지 모두 항공 기술의 발전과 맞물려 상승효과가 크게 나타났고, 의도했든 그렇지 않았든 제2차 세계대전에서는 빠르게 발전한 이 항공 기술들이 새로운 전쟁 무기에 사용될 터였다.

## 장거리 비행 경쟁

1920년대 유럽에서는 상업 비행이 더욱 발전하게 되었다. 국위 선양을 목적으로 장거리 비행 노선을 새로이 찾아내고, 모국과 멀리 떨어진 식민지를 연결하는 우편이나 승객 운송 서비스를 위한 항로 개척 도전이 이어졌다.

런던London과 파리Paris를 매일 연결하는 최초의 정기적인 여객 운송 서비스가 1919년 8월에 시작되었다. 승객들은 하늘로 열려 있는 조종석에 탑승했고 추위에 대비해 방한복을 입어야 했다.

미국에서는 1918년 3월, 아직 제1차 세계대전 중인 시기에 워싱턴 Washington DC와 필라델피아Philadelphia를 지나 뉴욕New York을 잇는 군사 항공우편 서비스가 시작되었다. 세계 최초의 정기적인 항공우편 서비스 기록이었다. 1923년 8월, 미국 대륙횡단 우편 비행이 시작되었고 뉴욕–샌프란시스코 간 비행 도중 여섯 번 착륙했다. 1924년, 지상에 유도등beacon을 설치하여 야간 비행의 우편배달 서비스가 미국에서 처음 시도되었다.

이러한 서비스는 규율과 프로 정신으로 무장한 파일럿들이 야간 비행이나 기상 조건이 좋지 않은 위험한 여건 속에서 시험 비행에 도전하고 이를 기꺼이 해냄으로써 시작될 수 있었다. 노선을 개발하고 비행 여건을 개선하기 위한 새로운 항법장치의 적용, 보조 장치의 개발, 비행장이

①1919년 6월 15일 영국인 올콕과 브라운(Alcok and Brown)이 대서양 논스톱 횡단(Vickers Vimy)
②1923년 8월 21일 뉴욕~샌프란시스코 미국 횡단 우편 비행 개시(de Havilland DH4B)
③1927년 5월 21일 미국인 린드버그가 대서양 무착륙 단독 횡단(Ryan monoplane)
④1932년 5월 20일 미국인 에어하트가 여성으로서 세계 최초로 대서양 단독 비행(Lockheed Vega 5B)
⑤1933년 7월 22일 미국인 포스트가 세계 최초로 단독 세계 일주 비행에 성공(Lockheed Vega 5C)
⑥1935년 1월 12일 에어하트가 세계 최초로 태평양 단독 횡단 비행(Lockheed Vega 5C)

대표적인 세계 최초 장거리 비행 기록(괄호 안은 사용한 비행기 종류 )

나 기상예보와 같은 인프라의 개발과 발전이 끊임없이 이어졌다.

반복되는 항공우편 비행의 위험을 충분히 보여준 사람은 바로 찰스 린
드버그(Charles Lindbergh, 1902~1974)였다. 군에서 파일럿이었고 곡예비행
사였던 그는 미국 세인트루이스St. Louis와 시카고Chicago 우편 담당 비행
사였다. 그는 우편 비행 중 여러 차례 사고를 겪으면서 낙하산으로 탈출
해야 했다.

대중은 영국 해협을 건너는 모험 따위에는 이제 관심이 없어졌지만 대
양을 건너거나 극지 탐험에 여전히 열광했다.

미국 해군 소속 리처드 버드Richard Byrd가 1926년 5월, 3발 엔진의 단엽
기 포커Fokker F-VII로 노르웨이의 스피츠베르겐Spitsbergen을 출발, 최초로
북극 상공 비행에 성공한 것이 알려졌다(최근에야 이는 사실이 아닌 것으로 밝혀

졌다). 3발 엔진 비행기는 진동과 소음이 심했지만 여러 개의 엔진이 장착되어 엔진이 고장 나도 무리가 없었고, 그에 따른 심리적인 안정감도 주었다.

이 포커 비행기는 1920~30년대 상업적으로나 장거리 비행으로 크게 성공을 거둔 비행기 가운데 하나로, 많은 탐험가들이 사용했다.

포커 F-VII(최고속도 185km/h, 3발 237마력, 공랭식 레이디얼 엔진). 1930년대 아프리카에서 찍은 사진으로 동체에 스위스 항공 표시가 보인다.

찰스 킹즈퍼드 스미스Charles Kingsford Smith가 그의 동료와 조종한 포커 서던 크로스Southern Cross 호는 1928년 1만 2555킬로미터를 88시간에 날아 최초로 미국-호주 간 태평양을 횡단했다. 포커 항공사는 1920년대 후반까지 세계에서 가장 큰 항공기 제조사였다.

퀸즐랜드 브리즈번에 착륙하기 전인 포커 서든 크로스 (1928년)

1927년 5월 21일, 찰스 린드버그는 '세인트루이스 정신Spirit of St. Louis 호'라고 이름 붙인 라이언 단엽기Ryan monoplane로 뉴욕-파리 간 대서양 단독 무착륙 비행에 최초로 성공했다. 이전에 이미 여러 명이 목숨을 잃었던 이 도전에 걸린 시간은 33시간 50분이었다.

린드버그의 성공이 역사적으로 중요한 것은 이 미국인이 이룬 업적으로 전 세계 항공 역사에 미국이 상징적인 표시를 남겼다는 것 외에, 이 영웅의 인기에 힘입어 미국의 상업 비행이 대중적인 지지를 받아 발전하게 되었고, 이런 현상들이 다른 나라에도 이어졌다는 점이다.

1935년 1월, 어밀리아 에어하트Amelia Earhart가 처음으로 하와이에서 캘리포니아까지 태평양 단독 횡단 비행에 성공했다. 그녀가 당시 사용한 비행기는 록히드Lockheed 사의 베가Vega 5B였다. 록히드 사의 베가는 1927년에 처음 공개되었는데 존 노스럽(John Northrop. '노스럽' 편 참조)이 설계했으며 후발업체인 이 회사에 큰 성공을 가져다주었다.

이 비행기는 1920년 후반에 미국 국가항공자문위원회(NACA, America's National Advisory Committee for Aeronautics. NASA의 전신)가 제안한 엔진 고깔, 곧 카울cowl을 씌운 방식을 채택한 최초의 비행기였다. 이 비행기는 빠르고 작은 여객기, 그리고 장거리 경주 비행기로 진화했고 가장 성공한 버전은 의자가 6개인 베가 5B였다. 와일리 포스트(Wiley Post, 그는 한쪽 눈의 시력을 잃어 볼 수 없는 상태였다)는 베가 5C를 타고 1933년 7월 세계 최초로 단독 세계 일주 비행에 성공했다.

베가 5B(최고속도 290km/h, 450마력 공랭식 레이디얼 엔진). 공기저항을 줄이기 위해 사용한 엔진 카울이 보인다.

1934년을 지나 1930년대 후반으로 넘어서자 10명 이상의 승객을 태울 수 있는 혁신적인 여객기들이 등장하기 시작한다. 특히 미국은 대륙 내에서 항공 여객의 수요가 늘어나 여러 항공사가 경쟁했으며 기술적인 발전에 유리한 환경에 있었다.

지금도 우리에게 익숙한 록히드Lockheed, 보잉Boeing, 더글러스Douglas 항공사가 이때 항공업계에서 입지를 굳힌다. 각각 록히드 모델 10 일렉트라Lockheed Model 10 Electra, 보잉Boeing 247, 더글러스Douglas DC-3은 그 시대를 대표하는 미국의 여객기였다. 모두 쌍발 엔진, 완전 금속 외피의 단엽기로 공기저항을 줄이기 위해 날렵한 형상, 엔진 카울, 수납식 착륙장치를 갖췄다.

록히드 모델 10 일렉트라는 나중에 유명해지는 켈리 존슨(Kelly Johnson. '클래런스 켈리 존슨' 편 참조)이 설계한 독창적인 이중 꼬리날개로 한눈에 알

록히드 모델 10 일렉트라(최고속도 325km/h, 2발, 450마력 레이디얼 엔진). 완전 금속 동체, 쌍발 엔진에 켈리 존슨의 특징적인 이중 꼬리날개가 보인다.

수 있으며 평균 시속 305킬로미터로 비행이 가능했다.

보잉 247은 이보다 속도는 늦지만 소음을 줄이는 방음 객실과 방진 시트를 채용했다. 이 항공사들 중 단연 성공적인 비행기는 DC-3(그리고 DC-2)였다. 이 비행기는 아메리칸 에어라인(American Airline. 미국의 대표적 항공여객 운송회사)의 대표가 도널드 더글러스Donald Douglas와의 전화 통화에서 유나이티드 에어라인(United Airline. 역시 미국의 항공여객 운송회사)과 보잉의 합작에 대응할 여객기 제작을 요청한 결과로 개발되었다.

승객 21명을 태울 수 있는 **DC-3**는 신뢰성이 높았고 정비가 쉬웠다. 엔진은 2시간 안에 교체가 가능했고, 흙바닥과 잔디, 콘크리트 비행장 모두에서 잘 운용되었다. 그리고 거의 파손되지 않았다. 이런 점에서 제2차 세계대전에 연합군의 가장 중요한 수송기로 활용되었다.

1939년까지 연평균 미국 항공 여행객은 3백만 명에 이르렀는데, 그 4분의 3 이상이 이 비행기로 여행했고 심지어 1960년대까지 상업 운행을 했다. 우리나라에 네 번째로 도입된 비행기 DC-3는 지금도 인하대학교에 전시되어 있다.

독일에서는 포커에 이어 루프트한자(1926년 Deutsche Luft Hansa AG.로 표기했으나 1933년부터 Deutsche Lufthansa로 표기)가 독일 항공 산업을 이끌고 있었다.

독일 항공 기술의 선구자 후고 융커스(Hugo Junkers. 자세한 내용은 '융커스' 편 참조)가 설립한 항공사와의 합병으로 설립된 루프트한자는 1926년 9월 융커스Junkers G 24 비행기로 베를린—모스크바—베이징에 이르는 1만 킬로미터 운항에 성공했다.

이후 루프트한자의 요구에 따라 26인승 포케 불프 콘도르Focke-Wulf Fw 200 Kondor가 설계되어 운용되었다. BMW 엔진을 장착한 이 4발 비행기

미군에서는 'C-47 스카이트레인Skytrain'으로, 영국군에서는 '다코타 Dakota'로 이름 붙인 **더글러스 DC-3**는 아이젠하워 연합군 사령관이 제2차 세계대전에서 연합군을 살린 비행기 중의 하나로 이야기할 만큼 큰 역할을 했다.

1935년 개발이 완료된 비교적 설계가 오래된 비행기였음에도 신뢰성이 뛰어났다. 당시의 설계 개념은 이 비행기의 격납식 착륙 장치에서 볼 수 있다. 비록 접을 수는 있지만, 아직 이 장치에 대한 신뢰가 완전하지 않았기 때문에 접은 후에도 바퀴가 노출되어 있다. 광복 직후인 1945년 8월 18일 광복군을 태우고 여의도에 착륙했던 비행기이기도 하다. 현재까지도 상업용으로 사용 중인 것으로 알려졌다.


는 베를린에서 뉴욕까지 24시간 55분 만에 논스톱nonstop으로 주파했고, 돌아오는 길은 시간이 더 단축되었다. 1938년 8월에 이루어진 이 비행은 독일 항공 산업의 성공적인 부활을 의미했다. 린드버그가 대서양을 건넌 지 불과 11년 만의 일이었다.

이제 현대적 여객기와 다르지 않은 마지막 기술을 적용한 비행기가 등장한다. 바로 성층권을 비행하는 항공기이다. 더글러스에 밀리고 있던 보잉은 B-17 개발 경험을 바탕으로 1938년 4발 엔진의 B-307 스트라토 라이너(B-307 Stratoliner. 곧 성층권 비행기)를 개발하여 성층권 높이에서 첫 상업 비행이 가능해졌다.

기압을 높인 객실은 고고도로 운항할 때 승객들을 보호했고, 고옥탄가 연료high octane fuel로 성능을 높였으며, 공기 밀도가 낮아도 터보 슈퍼차

더글러스 DC-3(최고속도 298 km/h, 2발 1200마력 레이디얼 엔진)

보잉 B-307 스트라토라이너(최고속도 357km/h, 4발, 1100마력 레이디얼 엔진)

저(turbo-supercharger. 내연기관의 출력을 높이기 위해 배기가스를 이용, 터빈을 회전시키면 동일 축에 설치된 송풍기가 회전하면서 신선한 공기를 흡입하여 실린더에 압력공기를 공급하는 장치)로 엔진 성능을 뒷받침해 주었다.

이 비행기는 상업적으로 성공을 거두지는 못했지만, 제2차 세계대전을 앞둔 시점에서 미국의 여객 운항 방향을 제시해 주었고, 제2차 세계대전 중 미국이 항공 기술의 우위를 지키는 데 영향을 미치게 된다.


## 속도 경쟁


상금을 타기 위해 장거리 운항 기술과 항로 개척이 처음 시작된 후 상업 여객사들에 의해 가속도가 붙었다면, 속도 경쟁과 항공대회는 대중의 뜨거운 관심 속에 나라 간의 경쟁으로 이어지면서 공식적인 투자와 지원이 이루어진 경우라고 할 수 있다. 1910년 대 초반의 경주에 프랑스 비행기들이 두각을 나타냈다면, 제1차 세계대전 이후에는 미국, 영국, 이탈리아가 경쟁을 벌였다.

속도를 끌어올리려면 무엇보다 무게에 대비하여 출력이 높은 엔진이 필요했고, 공기저항을 최소화하면서 동체를 가볍게 설계해야 했다.

이 시대에 수상기는 육상 비행기보다 빠른 경우가 많았는데, 열린 공간에서 제약받지 않고 이착륙이 가능해 착수 장치와 관련한 저항을 만회할 수 있었다. 가장 유명한 경주대회는 **슈나이더 상**Schneider Trophy **수상기 경주대회**로, 세계 신기록 경신에 초점이 맞추어져 있었다.

1920년부터 1931년까지 이 경주대회는 세 항공 제작사가 주도했다. 미

**슈나이더 상 경주대회**의 설립자인 자크 슈나이더(Jacques Schneider, 1879~1928)는 수상기의 가능성을 이미 예측하고, 실용적이고 신뢰할 수 있는 수상기 개발을 촉진하기 위해 1913년부터 이 대회를 개최했다. 정해진 구간을 가장 빠르게 비행한 팀이 우승하는 방식이므로 자연스럽게 속도에만 목표를 맞춘 설계의 시험무대가 되었다. 경주 길이 약 350킬로미터를 비행하려면 정해진 구간을 몇 차례 돌아야 했다. 속도 경쟁이라는 점에서 당시 가장 인기 있는 비행 경주대회였다.

　　각국의 대표가 참가하는 대회로 한 나라에서 최대 3개 팀이 참가할 수 있었다. 해당 우승국은 그다음 해에 대회를 주최해야 하며, 3년 연속 우승을 하면 트로피를 자국에서 영구 보관할 수 있었다.

　　1914년까지 치른 후 제1차 세계대전으로 중단되었으나 1919년부터 1931년까지 항공기 제작사와 각국의 전폭적인 지원으로 경쟁이 치열해졌고, 점점 각 나라 간의 강력한 라이벌전 양상을 보였다. 참가한 팀은 공식적인 지원으로 엔진과 비행기 동체 개발을 실질적으로 이루게 되었다.


국의 커티스Curtiss, 이탈리아의 마키Macchi, 영국의 슈퍼마린Supermarine이었다. 1925년 제임스 둘리틀(James Doolittle. '슈나이더 대회 참가로 수상기 개발' 편 참조)이 조종한 커티스 R3C는 이 경주에서 승리한 마지막 복엽기였다.

　　그 후 마키와 슈퍼마린 단엽기가 주로 경쟁했다. 1925년부터 시작된 슈퍼마린 경주용 수상 비행기의 마지막 결정판인 슈퍼마린 S.6B는 1931년까지 3년 연속 승리하면서 영국이 최고의 위치임을 보여주었고, 이해 9월 29일 세계 최초로 시속 400마일(약 644킬로미터)의 속도를 경신했다. 이 비행기는 레지널드 미첼(Reginald Mitchell. '미첼' 편 참조)이 설계했는데, 제2

차 세계대전의 영국 본토 항공전(브리튼 전투Battle of Britain. 영국 영공에서 벌어진 독일과의 공중전)에서 영국을 구할 전설적인 전투기 스피트파이어Spitfire의 원형이 되었다.

1934년 10월 23일, 마키Macchi M.C.72가 시속 709.1킬로미터로 세계기록을 세웠다. 이탈리아 장인의 손길이 담긴 이 아름다운 비행기는 원래 1931년 슈나이더 상 경주대회를 위해 제작되었지만, 길이 방향으로 나란히 장착된 2개 엔진의 토크 효과로 물 위에서의 조종이 어려워 경주에 참가할 수 없었다. 이 문제는 이후 프로펠러를 반대로 돌아가게 하는 것으로 해결했다.

1920년 프랑스 파일럿 사디-르코아트Joseph Sadi-Lecointe가 세계 신기록인 시속 275.2킬로미터를 기록한 뒤로 8년 후에 이탈리아의 마리오

이 아름다운 비행기가 마키 M.C.72이다(최고속도 709km/h, 2800마력 피아트Fiat 엔진). 두 개의 프로펠러가 반대로 돌아간다.

드 베르나르디Mario de Bernardi 소령이 마키 M.52를 몰아 시속 512.7킬로미터를 기록했다. 다시 3년 후, 영국 슈퍼마린 S.6B 수상 비행기가 시속 400마일(약 644km)을 처음으로 돌파하여 시속 652킬로미터의 기록을 세웠다. 불과 10년마다 최고속도가 두 배 이상 빨라졌다.

1939년까지 최고속도는 시속 751.7킬로미터로, 이 기록은 독일 대위 프리츠 벤델Fritz Wendel이 메서슈미트Messerschmitt Me 209를 타고 달성했는데, 랭스 항공대회에서부터 30년 만에 속도가 거의 10배 증가했다.

피스톤 엔진 비행기로 그 이상의 속도를 내는 것은 기술적으로 불가능했다. 하지만 강력한 액랭식 인라인 엔진을 장착한 가볍고 유선형의 금속 단엽기는, 제2차 세계대전의 전투 비행기가 어떻게 만들어질지를 확실하게 보여주었다.

## 발전하는 기술

이 시기에 뛰어난 몇몇 엔지니어의 노력으로 중요한 항공 기술이 발전했다. 또한 비행의 관점에서 핵심적인 기술은 아니더라도 현대의 관점에서 보면 매우 중요한 기술들이 이 시기에 동시다발로 등장하여 정착되기 시작했다. 곧 자동조종 장치나 날개 플랩 기술 같은 것으로, 이러한 기술의 적용으로 좀 더 세밀한 조종이 가능해지고 안정성이 높은 '현대적'인 비행기가 탄생하게 된다.

# 날개의 슬랫과 플랩 기술

속도가 빠른 비행기일지라도 착륙할 때는 느린 속도로 비행해야 하고, 이 경우에도 양력이 충분해야 한다. 이를 해결하는 하나의 방법으로 비행기 날개 형상을 임시로 바꿀 수 있는 플랩flap과 슬랫slat 기술이 도입되었다.

플랩은 보통 주날개 뒤쪽에 장착된다. 플랩의 기능은 보조날개가 아래로 움직이면 양력이 커지는 것과 같아 처음에는 그러한 개념으로 플랩을 아래로 굽혀 양력을 높이고자 했다.

슬랫은 날개 앞쪽에 장착되어 마치 기다란 새로운 날개처럼 보이는데, 공기가 슬랫과 주날개 사이를 빠져나가면서 불필요한 소용돌이 공기를 막아주어 양력을 높이게 된다.

이런 공기역학적인 개념은 이미 1910년 후반에 알려졌고, 이후로는 아예 뒤쪽으로 펼쳐지게 한 플랩 등 다양한 형태의 장치들이 고안되었다.

제2차 세계대전 시기에는 모든 비행기에 이러한 장치로 정교하게 양력

보잉 727의 주날개 뒷전에 플랩이 펼쳐지기 전(왼쪽)과 펼쳐진 후(오른쪽)

을 높이는 방법을 사용하게 된다. 현대의 비행기에도 당연히 이 기술이 적용되어 있으며, 여객기의 주날개 옆이나 바로 뒤쪽에 자리를 잡으면 착륙할 때나 이륙할 때 플랩과 슬랫이 펼쳐지는 모습을 창문으로 볼 수 있다.

## # 계기비행 장치

계기비행 장치가 장착되기 이전에 파일럿들은 시각과 균형감각 등 직감에 의존하는 수밖에 없어 안개와 짙은 구름 속에서는 쉽게 방향감각을 잃었다. 고도계와 선회경사계는 제1차 세계대전 이후에 사용되기는 했지만 일부에서 몇몇 파일럿들만 사용하는 정도였다.

여러 나라에서 좀 더 개량된 계기와 계기비행을 시도하는 가운데, 가장 중요한 발전은 1920년 대 후반 구겐하임Guggenheim 재단에서 자이로스코프 기술에 가장 선도적인 엘머 스페리(Elmer Ambrose Sperry, 1860~1930)와 진행한 공동 연구였다. 이때의 계기비행 시험은 파일럿 제임스 둘리틀을 채용하여 진행했다.

1929년 9월 24일, 뉴욕 근처 미첼Mitchell 비행장에서 그는 무선전파를 이용하여 이륙을 위해 정확한 길을 찾은 뒤 NY-2를 이륙시켰고, 15분간 하늘에 머무르면서 2번의 180도 회전을 하고 약간 거칠지만 안전하게 착륙했다. 이 계기비행은 곧 비행 안전의 중요한 진전으로 평가되었다. 이 비행기에는 기존보다 20배 정확한 고도계가 장착되었고, 기존의 선회경사계를 대신하여 인공적인 수평선과 비행기 모형이 포함된 계기가 장착되었다.

# 자동조정 장치

엘머 스페리는 또한 최초로 효과적인 자동조종 장치 개발을 시도했다. 1914년, 그의 아들 로렌스 스페리Lawrence Sperry가 프랑스 항공대회에서 자이로 안정기를 시연했다. 정비공이 처음에 날개 위로 올라갔다가 그다음에 기체 뒤쪽으로 올라가면 무게 이동으로 비행기가 앞뒤로 움직였는데, 파일럿이 조종간에서 손을 떼고도 이 장치로 복엽기의 고도를 유지하면서 안정되게 날 수 있게 했다.

당시에는 이 장치가 실질적으로 유용하다고 느끼지 않았다. 다시 말해 파일럿들이 그다지 필요하다고 느끼지 않았으며, 자이로스코프 자체의 신뢰성이 부족한 것도 원인이었다.

그러나 1930년대가 되자 복잡한 계기와 무선 장비를 갖추고 매번 장거리 비행을 하는 파일럿들에게, 적어도 일시적으로 비행기 조종을 맡길 수 있는 장치가 필요하다는 것이 확인되었고, 자이로 안정기의 신뢰성도 개선되었다.

1933년, 한쪽 눈이 보이지 않는 미국인 파일럿 와일리 포스트가 록히드의 베가 비행기로 첫 단독 세계 일주에 성공했다. 이 비행기에는 스페리의 비행 자동조종 장치의 프로토타입prototype이 부착되어 있었다.

# 엔진 카울과 수납식 착륙 장치

록히드의 베가 비행기는 엔진 고깔, 곧 카울cowl을 씌워 공기저항을 최소화했다. NACA의 풍동 실험은 알맞은 모양의 카울을 엔진에 씌우면 공기저항이 크게 줄어든다는 사실을 보여주었고, 이를 실제 상업용 비행기에 적용한 것이었다. 그러나 이 베가 비행기는 아직 바퀴를 동체 안에

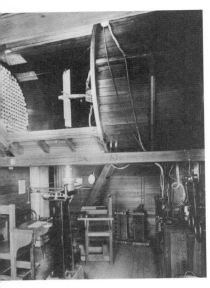

NACA의 풍동 실험 장면. 풍동 안의 작은 모형
비행기 제니Jenny를 볼 수 있다.(1920년대)

접어넣을 수는 없었다.

NACA 풍동 실험에서 동체 밖에 고정된 착륙 장치가 놀랍게도 전체 비행 저항력의 40퍼센트에 기여한다는 것이 밝혀졌다. 그럼에도 착륙 장치를 동체에 수납하는 기술을 바로 적용하기는 어려웠다. 착륙하기 위해 장치를 빼낼 때의 실패 위험성을 크게 우려했기 때문이었다. 이 기술은 1932년 마틴Martin B-10 폭격기에 처음 적용되었고, 상업용 비행기인 DC-2에 적용되었다.

## # 피치 각도가 바뀌는 프로펠러

피치pitch란 프로펠러가 한 바퀴를 돌 때 움직이는 거리를 의미하는데, 프로펠러 날개가 많이 비틀려 있을수록(곧 피치 각도가 클수록) 더 많은 거리를 움직이게 된다. 그렇다고 무조건 많이 비틀 수는 없으므로 비행기의 특정 운전 조건에 최적화되어야 했다. 따라서 그 운전 조건이 아닌 경우에는 손해를 볼 수밖에 없었다.

예를 들면, 찰스 린드버그가 대서양을 횡단할 때 사용한 프로펠러는 순항 조건에 최적화되어 있었는데, 이 조건에서는 이륙할 때 충분한 힘을 내기 어려웠기 때문에 상당한 위험을 감수해야 했다. 또 고도가 높아질 때 공기 밀도가 낮아 더 많은 공기를 뒤로 밀어낼 필요가 있으므로 프로펠러 날개를 더욱 비틀어서 효율을 높이고자 했다.

가변 피치 프로펠러: 내부에 장치된 기어를 이용하여 프로펠러 날개의 피치 각도를 바꿀 수 있다.(네덜란드의 국립 항공테마파크 Aviodrome 소장)

　이런 필요에 따라 가변 피치 프로펠러variable pitch propeller가 등장하게 되었다. 이 기술은 제2차 세계대전 동안 대부분 전투기에 적용되었다. 예를 들면, 영국의 주력 전투기 스피트파이어가 처음 제작되었을 당시 2개의 날개에 고정 피치 프로펠러를 장착했지만, 1938년에는 날개 3개에 가변 피치 프로펠러가 장착되었고 이후 날개 수는 6개까지 늘어났다. 또한 대형 비행기에는 프로펠러가 역피치로 작동하게 하여 자력으로 후진도 할 수 있었다.

　피치 각도를 바꾸는 이러한 기술은 헬리콥터의 회전날개에 필수적인 기술이다('시코르스키' 편 참조).

# 07

# 융커스 Hugo Junkers

## : 완전금속 비행기의 선구자

■ ■ ■

후고 융커스는 50세가 넘은 나이에 항공 산업에 입문하여 당시
에는 완전히 새로운 개념이었던 완전금속 비행기를 처음으로
개발했고, 이후 완전금속 여객기 F-13을 개발하여 상업적으로
성공을 거두었다. 전익 항공기Flying Wing의 개념을 처음으로 제
안하고, 이후 많은 엔지니어에게 영감을 주었다.

또한 그는 비행기의 상업적인 활용을 예견하고, 비행기를 무
기가 아니라 전 세계를 통합할 수 있는 평화적인 도구로 사용해
야 한다고 주장했으며, 나치 독일에 협력하지 않았다.

앞에서 우리는 항공의 황금시대에서 어떻게 기술적인 발전을 이루어왔는지를 아주 짧게 살펴보았다. 제1차 세계대전까지의 기술 발전이 대체로 눈으로 확인할 수 있을 정도로 좀 더 명확해 보이는 기술 발전―예를 들면, 프로펠러의 위치가 동체 뒤쪽보다는 앞에 붙는 것이 우수한 기술이라는 점이 확실해졌다―이었다.

반면 제2차 세계대전에 다가갈수록, 그리고 그 뒤로는 기술의 발전이 더욱더 미묘하고 다양한 부분에서 이루어졌으며, 한눈에 그 차이를 구별하기가 점점 어려워진다. 이는 다른 말로 표현하면 항공 기술이 이제 어느 한두 사람의 천재성이나 개인의 노력만으로 이루어지기가 점점 어려워진다는 것을 의미했다.

현대의 새로운 항공기 개발은 결코 라이트 형제와 같은 몇 사람의 노력만으로는 이루어질 수 없다는 것과 같은 의미이다. 그럼에도 황금시대, 곧 제2차 세계대전 직전 즈음에는 여전히 몇몇 뛰어난 엔지니어들이 항공기 기술에 큰 역할을 했다. 비록 간략하지만, 빼놓을 수 없는 몇몇 인물들의 업적을 살펴보기로 한다.

제2차 세계대전에 이를 즈음, 좋든 싫든 우리는 후고 융커스(Hugo Junkers, 1859~1935)라는 이름을 거론할 수밖에 없다. 그는 특히 독일의

후고 융커스

역사와 맞물려 항공 기술사에서 특이하고 잊히지 않는 위치를 차지한다.

제2차 세계대전 당시 연합군 병사들이 가장 무서워했던 전투기(실제로 뛰어난 성능은 아니었지만)로 알려진 '슈투카Stuka'의 정식 명칭은 '융커스Junkers Ju 87'로 알려진 융커스 사의 급강하 폭격기였다. 비록 그의 이름을 딴 항공기 제작사에서 나치 독일의 유명한 전투기를 많이 만들기는 했어도, 그는 사실 민간 항공기의 역사에서 중요한 인물로 항공기가 나치의 무기로 사용되는 것에 반대했다. 현대에서 항공 여객기가 우리의 일상생활을 얼마나 크게 바꾸어 놓았는지를 생각해 보면 그가 기여한 부분은 결코 과소평가할 수 없을 것이다.


## 아직 항공 엔지니어가 아니었다

그는 1859년 2월 독일 쾰른 근처의 작은 도시 라이트Rheydt의 부유한 가정에서 태어났으며 베를린 기술고등학교(Berlin Technical High School, 현

연구와 실험에 대한 융커스의 다음과 같은 생각은 독일 엔지니어의 전형이라 할 수 있다.

"아이디어를 실제 기계로 만드는 방법에는 여러 가지가 있지만, 한 번에 생각한 대로 만드는 것은 거의 불가능하다. 가장 큰 문제가 무엇인지를 분석하고, 문제들을 분리해내야 한다."

재 베를린 공대), 아헨 기술고등학교(Aachen Technical High School, 현재 아헨 공대) 등에서 공부했다.

열역학에 관심이 많아 실험과 이론에 대해 잘 이해했고, 여러 공장에서 엔지니어로 일했다. 이후 그의 삶의 근거지가 되는 데사우Dessau에 엔진 실험연구실을 열어 1892년 효율이 높은 가스 엔진을 개발했다. 곧바로 기업을 세워 지금의 가정용 보일러 같은 가스히터를 개발, 가정에 공급하는 사업 등을 이어갔다.

융커스가 개발한 욕실 급탕용 가스보일러
(후고 융커스 기술박물관Technikmuseum Hugo Junkers Dessau 소장)

## 50세가 넘어 비행기 제작에 뛰어들다

아헨 공대 교수이던 그가 비행기 제작에 뛰어든 시기는 50세가 넘은 나이로, 동료 교수 한스 라이스너Hans Reissner를 통해서였다. 당시는 이미 라이트 형제, 앙리 파르망 등이 알려졌지만, 아직 독일은 항공 기술이 첨단을 달리기 전, 1920~30년대 이전의 시점이었다.

당시의 비행기는 전형적인 트러스 구조(truss. 철도 교량처럼 강철보 등을 삼각형과 사각형으로 연결하여 강성을 유지하는 구조. '융커스 F13' 참조)를 직물로 덮었고, 동력이 강력한 비행기는 아직 나타나지 않은 시점이었다.

1912년 8월, 라이스너가 주도하고 융커스가 도와서 시험 비행기를 제작했는데, 마치 오리처럼 보여 '주름진 철판 오리Corrugated iron duck'라고 이름 붙였다. 주름 철판은 융커스의 아이디어였다.

## 주름진 패널을 사용하다

독창적인 **주름 표피**corrugated skin는 그림에서 보듯이 그가 만들었던 강철 의자에 이미 적용했다. 그는 어쩌면 항공기도 이와 같은 구조로 강도를 유지할 수 있다고 생각했을 것이다. 사실 공기저항에 불리하고 표피의 수평 방향 강성에도 불리했지만, J 3을 시작으로 융커스 비행기에 본격적으로 사용된 이 주름 표피는 이후 수십 년 동안 여러 비행기에 적용되었다.

융커스가 제작한 주름진 강철 의자
(후고 융커스기술박물관 소장)

**주름 표피**는 표면의 수직 방향으로는 어느 정도 강성을 가질 수 있지만, 수평 방향으로는 오히려 강성이 약해져 주름 표피를 적용한 비행기에서 비행기 골격의 기본적인 강성은 순전히 프레임에 의지해야 했다.

1920년대 후반 독일 엔지니어 아돌프 로르바흐(Adolf Rohrbach, 1889~1939)의 연구로 외피가 '평평한 패널'이라 해도 프레임과 잘 연결하면 패널도 하중을 지지하는 구조가 될 수 있음이 밝혀졌다. 이른바 응력 표피(stressed skin. 얇은 표피도 힘을 버티는 구조로 설계됨을 의미)로 알려진 이 중요한 기술을 적용한 최초의 비행기는 독일의 유명한 엔지니어 클라우데 도르니에Claude Dornier가 설계한 체펠린 D.I로 알려져 있지만, 곧 미국의 노스럽과 보잉에 큰 영향을 주었고, 이 방식은 이후 모든 비행기에 적용되었다.


## 전익 항공기


다음의 그림은 1910년 그가 항공 역사에 이름을 남기게 될, 이른바 전익(All-wing plane 또는 Flying Wing)에 대한 특허 개념도이다. 이 특허는 전익 항공기, 곧 '동체나 꼬리날개 없이 주날개만으로 된 비행기'에 관한 특허로 오해를 받았고, 이후 많은 항공 기술자들에게 영감을 주었다.

엄밀히 말해, 융커스의 특허는 두꺼운 날개thick wing에 관한 특허로, 지지 구조인 내부의 프레임을 없애고 공기역학적으로 비행에 방해가 되는 부품을 날개 속에 넣는 것이었지만, 그의 측근들은 이를 전익 항공기로 오해했다.

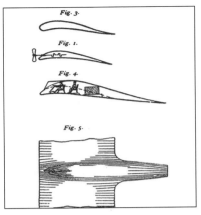

융커스가 제출한 전익 항공기의 특허 개념도. 장치들이 날개 안으로 들어가는 개념을 처음 도입했다.

날개 안으로 조종사와 기계 장치들이 들어가는 전익 항공기의 개념은 당시에는 거의 상상 속에 존재하는 것이었다. 하지만 오늘날 미국의 주력 스텔스 폭격기 B-2는 그 개념을 좇아 개발한 것으로, 결국 구체적인 현실로 표현되었다고 할 수 있다('잭 노스럽' 편 참조).

이 특허 자체로는 비행기가 될 수 없었지만, 여기에서 얻은 내용이 바로 현대 비행기의 바탕 기술이 되는 완전금속 표피full metal membrane이다. 다시 말해, 표피를 전부 금속으로 덮어 강성을 가지게 하는 세미 모노코크(semimonocoque. 골조frame와 몸체body가 동시에 지탱하는 트러스 구조와 모노코크 구조의 장점을 살린 구조) 형태의 항공기 시초가 되었다.

융커스는 1913년 아헨Aachen 근처에 풍동을 건설하고 수년 동안 시험을 진행하면서 두꺼운 날개 단면이 실제로 비행에 유리하다는 것을 확인했다. 두꺼운 날개 단면에 관한 이러한 연구는 이미 독일 엔지니어 루트비히 프란틀Ludwig Prandtl이 증명했지만, 얇은 날개가 유리하다는 고정 관념 때문에 받아들여지지 않았다. 제1차 세계대전이 지나도록 모든 비행기는 되도록 얇은 단면의 날개로 설계되었다.

## 최초의 완전금속 비행기 J 1

금속 비행기의 실험은 제1차 세계대전 이전에 시작하여 대전 중에 완성되었다. 그가 제작한 첫 비행기인 J 1은 최초의 실용적 완전금속 비행기(단엽기)로, 1915년 12월 12일 역사적인 비행에 성공했다. 항속은 시속 170킬로미터였다(J 1의 제작에는 보일러 엔지니어 등이 참여했는데, 주름 패널을 사용하지 않은 단엽기였다. 융커스는 훗날 안전을 고려하여 이 비행기를 너무 무겁게 만들었다고 회고했다).

이 실험적인 비행기의 유전자를 이어받아 J 3, J 4, J 5, J 6, J 7로 이어진 비행기는 저익기(주날개가 동체 아래쪽에 붙은 비행기)에 알루미늄 합금인 두랄루민 그리고 주름 패널을 적용하는 방향으로 개발되어 좀 더 현대적인 비행기 형태에 가까워졌다. J 7은 시속 220킬로미터에 이르고 보조날개, 착륙 장치 등이 개선되었다.

전쟁 기간 동안 독일 공군이 연합군에 열세를 드러내기 시작하자 공군은 독일 업체의 경쟁을 거쳐 고성능 비행기를 찾아내려고 바삐 움직였다. 융커스 J 7은 금속으로 덮여 있어, 당시의 그 어떤 비행기보다 튼튼하고 파일럿을 보호하기 좋은 구조로 선풍을 일으켰다. 하지만 전선에 투입되었던 파일럿들은 이 낯선 비행기보다는 자신들에게 익숙한 복엽기를 선호했다.

세계 최초의 완전금속 비행기 J 1(1915년)

융커스 J 7. 1917년 10월 12일이라고 찍혀 있다. 메르세데스 D IIIa 엔진을 달았고 주름 패널로 덮여 있다. 비행기의 형태가 현대 비행기와 거의 유사하다.

뛰어난 사업가였던 안토니 포커Anthony Fokker와 달리 과학자에 가까웠던 융커스는 군 사령부의 요구에 따라 1917년 포커와 합작사를 설립하지만, 비행기 제작 기술에 관한 의견이 아주 달라 결국 두 사람은 갈라서고 만다.

비용과 시간이 많이 드는 금속 꼬리날개 등은 수요에 맞춰 빠르게 제작할 수 없었고 직물이나 나무 등이 수요를 맞추기에 더 적합했지만, 융커스는 이에 응하지 않으려고 했다. 또 포커처럼 당시 대부분의 항공기 제작자들은 군의 수요에 맞춤으로써 자신들의 이익을 최대한 지키려고 했던 반면, 융커스는 완전금속 비행기를 만들겠다는 목표에 충실하려고 했다.

제1차 세계대전 중 실제로 사용된 융커스의 비행기는 겨우 210대에 지나지 않았고, 이는 전체 독일 생산량의 0.44퍼센트였다. 융커스의 비행기는 처음부터 민간용으로 사용할 목적으로 설계되었다가 군용으로 사용한 경우가 일반적이었다. 어쨌든 제1차 세계대전 동안의 개발 경험은 이후 F 13 같은 비행기 개발에 밑거름이 되었다.


## 제1차 세계대전 이후의 독일


1919년 6월 28일에 조인된 베르사유 조약에 따라 제1차 세계대전에서 패배한 독일은 혹독한 대가를 치러야 했고, 항공 산업도 예외는 아니었다. 독일은 군용 항공기를 만들 수 없었고, 연구 개발도 할 수 없었다.

이 때문에 BMW와 같은 엔진 제조사는 자동차를 만들거나 상업 항공 개발 쪽으로 방향을 틀어야만 했다. 1920년 7월, 민간 항공기 제작이 가능한 상황이 되었지만, 조건은 매우 까다로웠다. 예를 들면, 1922년 5월 5일의 규정에 "60마력 이상의 단좌기는 무조건 군용기로 간주한다. 2000미터 고도에서 최고 시속 170킬로미터 이상의 항공기는 군용기로 간주한다" 등의 내용이었다.

따라서 이 규정에서 벗어나는 항공기는 제작할 수 없었다. 결과적으로 보면 군용기를 직접 만들지는 못했지만, 독일과 이해관계가 있던 근접국에서 항공기를 제작하고 관련 연구를 진행하는 방식으로 이 규정을 피할 수 있었다.

이미 상업 항공을 선호하고 예견했던 융커스가 다른 경쟁자들보다 약간 유리하긴 했지만 그래도 제약은 마찬가지였다. 융커스는 스웨덴에 공장을 세워 연구를 계속하거나 공산화된 구소련에 항공기와 기술을 제공하면서 개발하는 방식으로 어려움을 헤쳐 나갔다.


## 최초의 완전금속제 여객기 F 13

제1차 세계대전이 끝나자 많은 비행기 제조업자들은 페인트칠만 바꾸는 것과 같이 단순한 방법으로 기존 군용 비행기를 상업 비행에 활용하고자 했다.

하지만 승객 수송과 물류 수송이 중요한 산업이 될 것이라는 점과, 가볍고 경제적이며 튼튼한 항공기가 필요하리라는 것을 예상했던 융커스는 1919년 6월, 세계 최초로 완전금속 단엽기를 상업용 여객기로 제작했다. F 13으로 이름 지은 이 비행기(F는 단발 엔진 비행기를, 나중에 선보일 G는 대형 비행기를 의미했다)는 오토 로이터Otto Reuter의 설계 지휘로 제작되었다. 승객실이 있는 형태로, 이후 제작될 대부분의 융커스 비행기의 전형을 보여준다.

1919년 9월, 승객 일곱 명을 태운 이 비행기는 높이 6750미터까지 올라가 세계 최고도 비행 기록을 경신했다. 이후 밀폐된 승객실, 히터, 안전벨트 등을 추가하면서 혁신을 거듭했다. 러시아의 비행기 설계자로 유명한 올렉 안토노프Oleg K. Antonov가 F 13이 저익 단엽기로서 상업 항공기의 표준이 되었다고 말했듯이, 이후 많은 상업 항공기가 F 13과 유사하게 설계되었다고 할 수 있다.

메르세데스 벤츠 자동차 회사를 설립한 카를 벤츠Karl Benz도 완전금속 상용 비행기의 제작은 차를 처음 개발한 것만큼 중요한 기술적 진보라고 했다. 하지만 당시에는 내구성이나 신뢰성의 측면에서 F 13이 얼마나 큰 의미를 지니는지 아는 사람은 거의 없었다.

이 비행기는 약 60가지 버전으로 제작되었고, 융커스 엔진뿐만 아니라 BMW, P&W(Pratt & Whitney) 등의 엔진 조합으로 1932년까지 제작되었다. F 13은 약 30개국에서 사용되었으며, 여기에는 일본과 중국도 포함되었다. 전 세계적으로 약 300대 이상이 생산되어 융커스 항공사(정확히는 데사우 항공사)는 국제 상업 비행에 가장 중요한 위치를 차지하게 되었다.

성공적인 F 13을 매개로 여러 나라에서 항공편이 개설되었다. 1924년에 발틱의 여러 나라와 독일, 스위스 항공편이 연결되었고, 페르시아까지 이어졌다. 이즈음 전 세계 항공기의 40퍼센트가 융커스의 항공기를 사용하기에 이르렀다.

미국 샌디에이고 에어스페이스 박물관San Diego Air&Space Museum에 전시 중인 융커스 F 13. 저익 단엽기에 금속 주름 표피로 덮인 이 비행기는 이후 얼마 동안 표준과 같은 비행기였다.

트러스truss 구조로 된 융커스 F 13의 동체 프레임

1925년 당시 독일에서 융커스 항공사와 경쟁한 대형 항공사는 독일 항공회사Deutscher Aero Lloyd AG. 정도였지만, 여러 군소 항공사가 난립하여 극심한 경쟁으로 비용 증가와 수익성이 악화되어 있었다. 이러한 문제를 해결하기 위해 가장 규모가 큰 두 회사가 합병하여 1926년 1월, 독일 루프트 한자Deutsche Luft Hansa, DLH가 설립되었으며, 현재의 세계 최대 항공사인 루프트한자Lufthansa로 성장한다.

융커스 교수는 자신의 빚을 청산하는 대신 이 항공사의 지분을 소유하지는 못했다. 하지만 DLH에서 가장 많이 사용한 비행기는 융커스 비행기였다.

역사적으로 융커스 교수의 위치가 중요한 이유는 그가 상업 항공의 도래를 예상했다는 점이다. 1923년 그는 한 연설에서 상업 항공이 중요한 교통수단이 될 것이라고 선언했다.

> 우리가 냉정하게, 정말 냉정하게 항공 운송에 대해 생각해 보면, 결국은 기차나 증기선, 자동차 이상으로 중요한 운송 수단이 될 수밖에 없다는 확신에 도달하게 됩니다.

이러한 예견은 G 24나 G 38과 같은 비행기 개발로 이어졌다. 상업 항공의 성패는 얼마나 효율적으로 많은 승객과 화물을 운송할 수 있는 비행기를 운용하는가에 달려 있다고 할 수 있다.

그런 의미에서 G 24는 이를 충족하는 비행기라고 할 수 있었다. 가장 중요한 특징은 기존 단발 엔진 대신 3발 엔진을 사용하는 점으로, 이런 경향은 많은 승객을 안전하게 운송해야 하는 필요성에서 제기되었다. 당

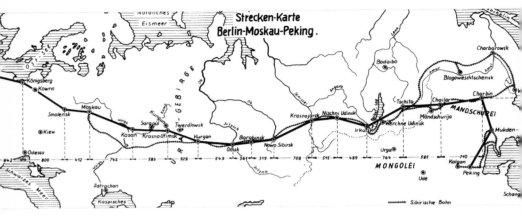

3발 엔진 비행기인 융커스 G 24 두 대가 루프트 한자의 이름을 달고 비행한 베를린—모스크바—베이징 항로

시에 이미 커티스 항공사에서 3발 엔진을 장착한 비행기를 광고했고, 이에 자극을 받은 것으로 알려졌다.

1924년, G 23보다 더 강력한 엔진을 사용한 3발 엔진의 G 24가 개발되자, 융커스는 당대 세계 최고의 자동차 제작자로 꼽히는 헨리 포드Henry Ford를 만나 아직 독일에서 제작할 수 없는 이 비행기를 미국에서 생산할 것을 제안했다.

이 제안은 성공하지 못했고, G 24의 해외 제작은 스웨덴에서 시작되었다. G 24의 신뢰성은 1926년 베를린에서 시작하여 베이징까지 왕복한 두 대의 G 24 비행 성공으로 확인되었다. 또한 1927년 4월 1000킬로그램의 화물을 싣고 14시간을 비행하여 세계 신기록을 달성했다.

## 대형 여객기 G 38

 G 38은 융커스의 1909년 특허 개념(모든 부품을 날개 안에 넣는다)에 가장 가까운 비행기라고 할 수 있다. 이 비행기는 600마력 엔진 두 발과 400마력 엔진 두 발을 장착했으며, 5000킬로그램의 중량을 싣고 비행할 수 있었다.

 1930년 3월 비행 허가를 받은 후 데사우Dessau와 라이프치히Leipzig를 오가는 첫 비행에 성공했다. 이후 이 비행기를 광고할 목적으로 1930년 11월까지 데사우, 프라하, 비엔나, 아테네, 로마, 마드리드, 파리 등으로 비행했으며, 약 천 명의 승객을 수송했다. G 38의 두 번째 비행기는 1939년까지 비행했으며 이후 군에 징발되었다.

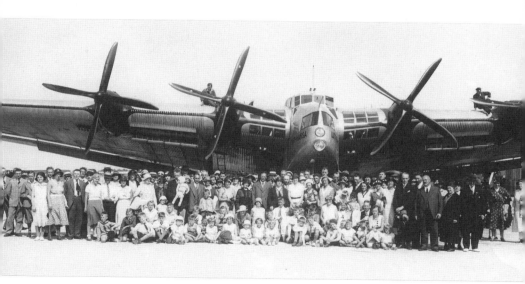

4발 엔진의 융커스 G 38. 날개 길이 44미터로 당시 가장 큰 비행기였고, 최고속도 225km/h로 30명가량의 승객을 태울 수 있었다. 두꺼운 날개 앞부분에 승객실이 보이는데, 융커스의 전익 항공기 개념이 반영되었다.

# 융커스의 마지막 손길 Ju 52

1931년에 Ju 52(Ju 52/3m으로도 알려졌는데, 3m은 3발 엔진을 의미한다)는 유럽에서 상업적으로 가장 성공한 비행기로 4800대 정도가 제작되었으며, 융커스의 명성에 걸맞은 마지막 비행기였다.

주날개를 자세히 보면 마치 날개가 두 개로 나누어진 것처럼 보이는데, 이중 날개double wing라고 할 수 있다. 화물칸, 세면실, 화장실을 갖췄으며 실내 보온이 가능했다. 기술적으로는 미국의 상업 비행기보다 뒤떨어진 3발 비행기로 소음이 매우 컸지만, 신뢰성이 높았고 다양한 용도로 사용

2013년 오스트리아 상공을 비행 중인 융커스 Ju 52/3m(최고속도 295km/h, 3발 830마력 BMW 레이디얼 엔진)

할 수 있었다. 1937년 모든 대륙에서 운행되었고, 적어도 27개 회사에서 운영했다.

제2차 세계대전 당시에는 독일군이 크레타 공수작전, 스탈린그라드 전투 등에서 물자 보급과 부상병 이송 등에 사용되기도 했다. 파일럿들이 특별히 사랑했던 이 비행기는 '탄트(Tante, '아줌마'라는 뜻) Ju'라는 애칭으로 불렸으며, 지금까지도 가끔 비행한다는 소식이 들려온다.

## 나치에 협력하지 않다

항공기 기술이 인류 전체의 자산이라고 생각했던 그는 나치 독일이 자신의 항공기를 무기로 사용하는 것을 거부했다. 1933년 독일 국가사회주의당(훗날 나치)은 강제로 그의 회사를 빼앗았으며 대표 자리에서도 물러나게 했다.

항공업계에서 세계적인 인사였던 그를 제거하는 것이 그렇게 간단한 일이 아니었으므로 정치적 성향과 당시 소련에 협력한 이력 등을 문제 삼았다.

나치가 독일의 권력을 장악할 즈음인 1935년 2월 3일, 그는 76세를 맞이하는 생일에 갑작스러운 심장 발작으로 자택에서 세상을 떠났다.

그는 나치를 좋아하지 않았지만, 역설적이게도 나치 정부는 융커스란 이름을 계속 사용했는데 이는 대중을 대상으로 선전하려는 목적이 컸다. 곧 세계적인 상업 비행기 제작사의 명성을 이용하려 한 것이었다.

그의 공장에서는 Ju 52를 포함하여 그의 이름을 단 수많은 전투기들이

융커스 Ju 87. 융커스의 이름을 단 독일 급강하 폭격기는 보통 '슈투카'로 불렸다. 급강하할 때 바람개비로 내는 사이렌 소리에 연합군은 공포심을 느꼈다. 고정식 착륙 장치에서 볼 수 있듯이 기술적으로 그렇게 뛰어난 비행기는 아니었다.(최고속도 397km/h)

제작되어 제2차 세계대전에 사용되었으며, 연합군은 슈투카Stuka 같은 융커스 비행기의 폭격에 치를 떨어야 했다.

# 시코르스키 Igor Ivan Sikorsky

## : 헬리콥터의 아버지

■ ■ ■

시코르스키는 한 엔지니어가 어떻게 일생 동안 자신의 꿈을 이루었는가를 보여주는 놀라운 역사의 증거이다. 러시아 혁명 이전에 태어나고, 필자가 태어난 이후에도 생존했던 이 전설적인 인물은 헬리콥터와 역사를 함께하는 중요한 인물이다.

현재에도 존재하는 시코르스키라는 이름의 항공기(정확히는 헬리콥터를 만드는) 회사가 이를 증명한다. 현재 러시아의 뛰어난 항공 기술은 바로 그에게서 시작했다 해도 지나친 표현이 아닐 것 같다.

이고르 시코르스키(Igor Ivan Sikorsky, 1889~1972)는 헬리콥터라는 특이한 항공기를 인류에게 선물해 준 인물이다. 1941년 그가 올라탄 8.5미터 길이의 VS-300 헬리콥터가 수직 이착륙기로 가장 오랫동안 하늘에 머문 신기록을 세운 이래로 많은 사람들이 알고 있듯이 그는 헬리콥터, 곧 회전익기를 실용화했다. 하지만 그는 고정익기, 즉 비행기의 발전에도 커다란 영향을 준 개척자였다.

## 소년 시절의 꿈에 도전하다

그는 현재의 우크라이나 키예프Kiev에서 제정 러시아를 옹호하는 민족주의 성향의 가정에서 태어났다. 어머니는 의대를 나온 학자로서 시코르스키에게 레오나르도 다 빈치에 관한 이야기와 여러 이론을 가르쳐 주는 등 큰 영향을 주었다. 또 키예프 대학 교수였던 아버지를 따라 독일을 여행하면서 자연과학을 좋아하게 되었으며, 12세 때 집에서 고무줄로 헬리콥터와 같은 원리의 장난감을 만들었다는

이고르 시코르스키

시코르스키가 두 번째로 제작한 헬리콥터 옆에 서 있다.

이야기도 있다. 집안에 화학 실험실이 있을 정도로 집이 컸다고도 한다.

상트페테르부르크Sankt-Peterburg 왕립 해군학교에서 공부했지만 엔지니어야말로 자신이 갈 길이라 믿고 학교를 그만둔다. 1908년 여름, 그는 독일로 떠났고 때마침 라이트 형제가 르망Le Mans에서 선회 비행 등을 선보이며 최초의 비행기로 유럽의 언론에 대서특필된 사실을 알게 된다. 이 사실을 접하는 순간 항공 기술을 공부하기로 결심했고, 결정적으로 그의 삶을 바꾸게 된 계기가 되었다. 이때 이미 그는 수직 이착륙을 하는 항공기를 만들 수 있다고 생각했다.

당시 항공 기술을 선도하고 있던 나라는 프랑스였다. 1909년, 그는 프랑스의 가장 유명한 항공–자동차 기술학교Ecole des Techniques Aéronautiques et de Construction Automobile에서 항공 기술을 공부하기 위해 파리로 갔다.

아버지는 지원을 해주었지만, 친척들은 헛된 꿈을 꾼다고 생각했다. 파리에서 만난 항공 엔지니어들도 비슷한 조언을 했다. 시코르스키는 당시 '헬리콥터'란 말을 사용하면서 그 가능성에 대해 조언을 구했지만, 동료들은 그런 것보다 더 가능성 있고 이미 나는 것이 증명된 '비행기'에 집중하라고 충고해 주었다.

그래도 그는 좌절하지 않고 직접 헬리콥터를 만들 작정으로 좋은 엔진을 찾아 나섰다. 마침내 고장이 적고 단순한 3기통 25마력의 안차니Anzani 엔진을 구입하여 러시아로 돌아간다.

집 뒤의 별장에서 어릴 때부터 꿈꾸었던 헬리콥터 제작을 시도하지만 생각만큼 쉽지 않았다. 처음에는 엔진 하나에 두 개의 블레이드(날개)가 달린 기계를, 그다음에는 두 개의 엔진과 각각 세 개의 블레이드가 달린 기계를 만들었지만 모두 실패했다. 엔진 출력과 유체역학 등에 대한 이해가 부족했던 당시의 상황에서는 당연한 결과였다.

하지만 그는 좌절하지 않고, 자신이 아직 부족하다는 것을 깨달았다. 프로펠러나 양력 등을 더 잘 이해하려면 이미 나는 것이 가능한 고정익 비행기를 더 자세하게 이해할 필요가 있다고 생각했다. 그가 비행기 개발로 돌아선 이유였다.

1910년, 엔진 25마력의 비행기 S-2가 몇 미터를 날아올랐다. 시험을 거듭하여 나중에는 좌석을 세 개 배치한 비행기를 만들었지만 엔진 고장으로 추락하고 말았다. 엔진 흡입구에 모기가 들어가 벌어진 사고였는데,

비행기 특성상 작은 문제가 큰 사고로 이어진다는 것을 깨닫게 되었다. 이를 계기로 그는 엔진이 고장 나더라도 날 수 있는 비행기가 필요하다고 생각했다.

그의 다발 엔진multi engines—여러 대의 엔진 중에 한두 대가 고장이 나더라도 계속 운항을 할 수 있는—개념은 그렇게 시작되었다.


## 대형 비행기의 선구자가 되다

1912년, 그가 만든 S-6이 모스크바 항공대회에서 1등을 거두자 곧 러시아 발트 철도제작회사(Russian Baltic Railroad Car Works, R-BVZ)의 항공부문 수석 엔지니어가 되었다. 당시 러시아에서 가장 큰 공업회사였다.

그의 첫 임무는 군에서 사용할 비행기 제작이었고, 이미 그는 다발 엔진 비행기를 생각했던 터라 곧 실행에 옮겼다. 비행기의 크기가 엄청나게 커서 직원들이 '그랑Le Grand'이라는 이름을 붙였다. 처음에 쌍발이었던 그랑은 곧 4발 엔진을 장착하고 '볼쇼이 발티스키(Bolshoi Baltiysky, Great Baltic. 위대한 발트)' 또는 '러스키 비트야즈(Russky Vityaz, Russian knight. 러시아 기사)'라는 이름의 복엽기로 발전했다.

당시의 비행기와는 형태가 많이 다르고, 4.5톤 무게에 크기도 당시 상식으로는 너무 컸던 탓에 사람들은 하늘을 날 수 없으리라고 생각했다. 하지만 이 비행기는 48회 비행에 성공했고, 러시아 황제 니콜라스 2세가 그를 초청해 시범 비행을 관람했다. 이에 크게 감명받은 황제는 다이아몬드가 박힌 금시계를 선물로 보냈다. 그때 그의 나이 겨우 24세였다.

1913년 러스키 비트야즈에 시승한 시코르스키

이 비행기가 실용적임을 증명하기 위해 그는 그랑보다도 더 큰, 날개 길이 37미터의 일리야 무로메츠Ilya Muromets에 직접 탑승하여 상트페테르부르크를 출발하여 키예프를 돌아서 오는, 무려 2600킬로미터의 왕복 비행에 성공했다. 엔진에 불이 붙어서 비행 중 승무원이 날개로 올라가 코트로 불을 끄는 등 흥미진진한 비행이었지만 어쨌든 성공했다.

그의 시험이 성공하기 전까지, 엔진이 여러 대인 비행기가 운항 중에 하나 또는 그 이상의 엔진에 문제가 생길 때 어떤 일이 벌어질지 아무도 몰랐다. 그저 비행기가 돌 것이라거나 전혀 조종할 수 없을 것이라는 등의 예상이 지배적이었다. 마침내 그의 시험으로 이제 다발 엔진이 더 안전하다는 것이 입증되었다.

제1차 세계대전이 일어나자 그는 황제의 명을 받아 4발 엔진 복엽기를 폭격기로 개조하는 일에도 참여했다. 제1차 세계대전 후 러시아 혁명이 터지자 제정 러시아에 우호적이었던 그는 전 재산을 포기하고, 1918년 프랑스로 이주했다가 1919년 다시 미국으로 이민을 가게 된다.

전쟁이 끝나고 비행기에 대한 관심이 사라진 상황에서, 에디슨Thomas Edison과 포드Henry Ford에게 감명을 받았던 그는 미국에서 더 많은 기회를 얻을 수 있을 것이라고 생각했다. 미국에서 헬리콥터를 처음 만든 계기는 그렇게 마련되었다.


## 미국에서 다시 시작하다

가지고 있는 돈이 600달러가 전부였고, 영어를 할 줄 몰랐던 그는 비록 〈뉴욕 타임스New York Times〉의 관심을 끌고 기사도 실렸지만, 쉽게 기회를 찾지 못했다. 미국도 항공 산업이 바닥을 치고 있었기 때문이다.

생계를 위해 러시아 이민자를 대상으로 강의하고 영어를 배우며, 재미在美 러시아과학자협회(NAUKA)를 중심으로 사회생활을 하면서 1924년 1월, 그곳에서 만난 엘리자베스 세미온Eleizabeth Semion과 결혼한다. 1932년, 로드아일랜드 대학University of Rhode Island의 항공과 설립에 참여했으며 1948년까지 재직한다.

1923년 그가 뉴욕에서 시코르스키 제작사를 설립할 당시 미국에 있는 많은 러시아인들에게 도움을 받았는데, 그중에는 5천 달러를 지원해준 러시아 출신 작곡가 라흐마니노프Sergei Rachmaninoff도 있었다. 그는 이런 모금 방식으로 회사를 차리는 것을 내켜하지 않았지만 당시로서는 어쩔 수 없었던 유일한 방법이었다고 회고했다.

폐차장 부품과 중고 엔진 등으로 그가 제작한 첫 비행기의 시험은 실패했지만, 우여곡절 끝에 성공적으로 비행한 S-29는 미국 초기 쌍발기 중 하나였다. 그는 자금을 모으기 위해 이 비행기로 피아노를 배달하기까지 했다.

1926년, 최초의 대서양 횡단 비행을 위해 3발 비행기인 S-35, 쌍발기인 S-37의 제작을 성공적으로 끝냈지만, 대서양 횡단은 찰스 린드버그가 먼저 성공했다(1927년 5월 21일). 시코르스키는 비록 그 일을 해내지 못했지만, 린드버그의 대서양 횡단으로 본격적인 상업 항공의 시대가 열릴 것이라고 확신했다.

1928년, 그가 미국 시민이 된 후 그의 회사는 유나이티드 항공운송회사 United Aircraft and Transport Corporation에 포함되었다. 이 회사는 업계의 거물인 윌리엄 보잉(William Edward Boeing. 보잉 항공사의 창업자)과 프레더릭 렌츠실러(Frederick Brant Rentschler. 지금도 주요 항공기 엔진 제작회사인 Pratt & Whitney사의 창업자)가 세계의 항공회사들과 경쟁하기 위해 보잉Boeing, 보우트 Vought, 프랫 & 휘트니Pratt & Whitney 그리고 유나이티드 에어라인United Airline 같은 여러 항공 회사를 묶어서 만든 일종의 지주회사였다.

비행기 수요는 늘어났지만 아직 공항이나 활주로 시설은 부족했기에 상업 비행이나 우편 서비스 등에 수상 비행기나 비행정이 그 대안으로 관심을 받았다. 1929년 2월 항공 여객회사인 팬암(Pan Am: Pan-American)을 위해 린드버그가 마이애미Miami에서 파나마Panama까지 우편 서비스를 시작할 때 시코르스키 제작사의 비행정인 S-38의 운용을 시작으로 S-42까지, 당시 시코르스키 제작사에서 제작한 비행정들을 가장 많이 사용했다. 이 비행기들은 '클리퍼(Clipper, 쾌속선)'란 이름으로 더 많이 알려져 있다.

브라질 클리퍼Brazilian Clipper로 불린 S-42(1934). 뛰어난 안정성으로 태평양 등 팬암 항공사의 여러 탐사 비행과 여객 운송에 사용되었다. 승객을 위해 고급 좌석을 갖췄고, 승무원들이 고급 식사를 제공했다.

하지만 점차 육상용 비행기의 인기가 높아지면서 비행정에 대한 수요가 줄어들었다. 많은 러시아 출신 인력을 수용하고 있던 자신의 회사가 모기업인 유나이티드 항공United Aircraft에서 퇴출 위협을 받게 되자 시코르스키는 새로운 제안을 내놓는다. 헬리콥터 제작을 제안한 것이다.

그는 일생의 꿈을 포기하지 않고 준비하고 있었고, 잠재적인 시장 가능성을 알고 있던 회사에서도 이에 동의한다.

## 마침내 소년의 꿈을 이루다

1935년, 그는 이미 로터 하나와 이 로터의 회전으로 기체에 작용하는 반작용 토크를 상쇄하기 위한 꼬리 로터에 관한 특허(미국 특허 1994488. 165쪽 그림 참조)를 받아 놓은 상태였다.

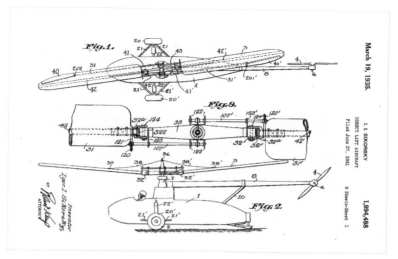

시코르스키의 미국 특허 US1994488의 대표 그림

물론 그의 헬리콥터 비행 개념이 100퍼센트 그의 독창적인 아이디어만
으로 이루어진 것은 아니었다. 1912년, 러시아 과학자 보리스 유리예프
(Boris Yuryev, 1889~1957)는 꼬리에 작은 수직 프로펠러를 장착하면 기체가
반대로 도는 문제를 극복할 수 있다고 했고, 아르헨티나 엔지니어 라울
페스카라(Raul Pateras de Pescara, 1890~1966)는 로터 날개 각각의 피치를 바
꿔 헬리콥터가 다른 방향으로 기울어지는 혁신적인 기술을 선보였다. 또
한 프랑스인 폴 코르뉴(Paul Cornu, 1881~1944)와 미국인 헨리 벌리너(Henry
Berliner, 1895~1970) 같은 발명가들이 헬리콥터 제작을 시도하고 있었다.

스페인 기술자 후안 데 라 시에르바(Juan de la Cierva, 1895~1936)가 1920년
발명한 오토자이로Autogiro는 프로펠러로 비행하지만, 로터에서 양력을
얻었다. 독일의 유명한 항공기 엔지니어 하인리히 포케Heinrich Karl Johann

라울 페스카라의 헬리콥터가 호버링하고 있다(1931년). 이 사진은 비록 시코르스키가 현재의 헬리콥터를 만들어냈지만, 그 결과가 하루아침에 이루어진 것이 아님을 보여준다.

Focke가 1936년에 제작한 Fw 61은 로터를 2개 장착한 성공적인 수직 이착륙 항공기였다.

이러한 기술적인 발전에 따라 수직 이착륙 항공기에 대한 기대감이 한층 높아졌다. 헬리콥터의 개발이 프랑스, 독일, 미국 등에서 경쟁적으로 이루어지고 있는 상황 속에 유나이티드 항공에서 시코르스키의 헬리콥터 제작 계획을 승인한 것은 시코르스키의 성공 가능성을 알아보았기 때문이었다.

시코르스키 특허를 살펴보면 지금의 헬리콥터와 크게 다르지 않음을 알 수 있다. 그는 이 구조에 집중해서 개발팀을 꾸렸다. 전에 없던 항공기를 제작하는 것이라 가장 단순한 방식으로 백지에서 새로운 것을 시작

시험 중인 VS-300. 코트를 입은 시코르스키가 시범 비행을 보이는 1941년 사진으로 아직 꼬리에 3개의 보조 로터가 달린 상태이다.

한다는 관점으로 접근했다.

최초의 현대적인 헬리콥터로 알려진 VS-300은 제작된 이후에도 수많은 시험을 거듭했다. 1939년 9월 14일, 시코르스키는 처음으로 VS-300에 올랐는데 갑작스러운 수직 상승에 대비해서 무거운 추를 매달아둔 상태였다.

1940년 5월 20일, 시민들과 언론 관계자들을 초대하여 시범 비행을 할 때 호버링(헬리콥터의 기본적인 비행 형태로 공중에 정지 상태로 떠 있는 비행을 의미), 후진, 좌우 비행, 회전이 가능했다. 하지만 어느 방향으로든 움직일 수 있는 완전한 기동에는 아직 문제가 있었다. 완전한 기동은 1941년 5월 6일 시범 비행에서야 가능했다. 이날 1시간 반 동안 공중에 떠 있었으며, 이전의 포케Focke Fw61의 기록을 깼다. 그러나 아직 꼬리날개에 수평 보조 로터가 달린 상태였다.

수평 보조 로터의 제거는 VS-300의 군사용 버전인 XR-4에서 가능해

현재의 헬리콥터와 형태가 동일하고 대량으로 생산된 최초의 헬리콥터 R-4. 시코르스키가 타고 있다.

미국 공군 국립박물관National Museum of the United States Air Force에 전시된 시코로스키 R-4

졌다. VS-300보다 두 배가량 컸지만, 어느 방향으로든 부드럽게 움직일 수 있었다(헬리콥터의 비행 원리는 170쪽 참조).

1942년 5월, 약 1200킬로미터를 비행하여 군에 인도된 XR-4는 처음 본 사람들에게는 낯선 항공기였다. 풍차 날개가 날고 있다는 목격담이 알려지기도 했다. 이 XR-4가 R-4란 이름으로 1942년 대량 생산된 최초의 헬리콥터였다.

그가 소년 시절에 꾸었던 꿈이 40년 만에 실현된 것이었다. 그가 꿈 꾼 항공기—자동차처럼 집 앞에 세워두는 탈것—는 실현되지 않았지만, 헬리콥터의 유용성은 확실했다. 특히 한국전쟁에 투입되어 시각을 다투는 절박한 순간에 많은 부상병들을 헬리콥터로 이송하여 생존율을 높였다. 화물 운송의 편리성이 입증된 후 이와 같은 급박한 모든 상황에서 헬리콥터는 분명히 필요한 항공기가 되었다.

시코르스키가 세상을 떠나기 전날 친구에게 쓴 편지에 헬리콥터에 대한 의미가 잘 나타나 있다.


66 상파울로에서 헬리콥터로 구조에 성공한 이야기를 전해 주어서 감사하네. 나는 헬리콥터가 생명을 구하는 다양한 상황에 가장 뛰어난 수단이 될 거라고 믿어 왔다네. 내 생이 얼마 남지 않은 이즈음에 이런 사실을 확인할 수 있어서 행복하네. 99

# 헬리콥터의 비행 원리 ✈

헬리콥터가 자유롭게 기동하려면 다음 두 가지 조종이 이루어져야 한다.

**첫 번째는 자세 유지** 기체가 공중에서 움직이지 않고 자세를 유지하고 있어야 한다. 메인 로터에 연결된 회전날개가 돌면 작용—반작용 법칙에 따라 기체가 반대로 회전하려고 한다. 이 반작용을 꼬리에 있는 수직의 작은 로터 날개가 회전하면서 상쇄시킨다. 이런 원리에 따라 2개의 로터가 돌아가고 있지만 기체는 움직이지 않고 정지 상태의 자세를 유지한다.

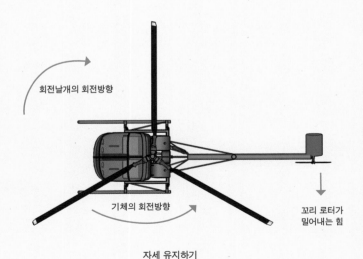

회전날개의 회전방향

기체의 회전방향

꼬리 로터가 밀어내는 힘

자세 유지하기

**두 번째는 원하는 방향으로의 움직임** 첫 번째에서 자세를 유지한 후, 헬리콥터는 앞뒤 좌우로 움직여야 할 것이다. 아래 그림의 휴스Hughes 200 헬리콥터에는 메인 로터에 회전날개가 3개 달려 있다. 이 회전날개는 각 위치에서 피치 각도가 각각 다를 수 있다.

3개의 날개 ①, ②, ③은 계속 회전하지만, 각 날개의 피치 각도는 파일럿이 비행을 원하는 방향에 맞게 위치에 따라 다르게 정할 수 있다. 예를 들면 ②, ③번 날개가 돌아서 ①번 위치에 오면 원래의 ①번 날개 피치 각도와 같아진다.

각 위치에서 피치 각도가 다르기 때문에 공기를 밀어내는 힘이 달라지고, 이 힘으로 헬리콥터의 자세와 움직이는 방향이 달라진다. 피치 각도를 바꾸는 기술은 비행기 프로펠러에도 적용되지만, 비행기 프로펠러는 각각의 프로펠러 날개가 피치 각도를 다르게 바꾸지는 않는다.

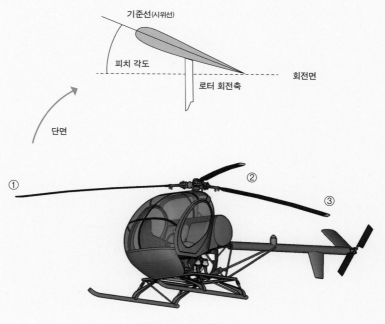

원하는 방향으로 움직이기

## 09

# 미첼 Reginald Mitchell

## : 불멸의 전투기를 개발한 불꽃같은 인생

■ ■ ■

레지널드 미첼은 제2차 세계대전 당시 독일의 공격에서 영국을 구해낸 유명한 전투기 스피트파이어Spitfire를 설계한, 곧 '스피트파이어의 아버지'로 알려진 엔지니어이다.

미첼이 앞서 다룬 인물들과 다른 점은 스스로 설계를 구상하고 도면을 그렸다는 점, 그리고 암과 싸우면서 이 불멸의 전투기를 개발했다는 점이다. 젊은 나이 43세로 생을 마감하지만, 그가 항공 역사에 끼친 영향은 결코 작지 않았다. 그의 노력과는 별개로 스피트파이어가 탄생하기까지 어떤 인물들이 얼마나 기여했는지를 살펴보는 것도 흥미롭다.

영국의 국력은 해군력과 같다는 이야기가 과장이 아니듯, 영국의 모든 군사력과 군사 기술력의 뿌리에는 해군력과 해군 기술력이 있다. 이미 알려진 것처럼, 처음 전투에 사용된 탱크도 영국 해군에서 개발한 무기였다. 탱크 포탑의 출입구를 선박의 출입구처럼 '해치hatch'라고 부르는 것이 이러한 전통을 보여준다.

탱크와 마찬가지로 영국의 항공기 기술도 해군 기술의 연장선에 있었다. 영국은 항공기를 전함처럼 운용할 수 있다고 생각했다. 육상에 이륙하는 항공기 기술이 먼저 발전하고, 그다음에 해상용 항공기인 수상기가 개발되었으리라는 통념은 잘못된 것이다. 수상기, 곧 비행정flying boat이나 수상 비행기float plane 기술은 육상 항공기 기술과 거의 동시에 발전했고, 또 어떤 기술은 수상기에서 먼저 발전하기도 했다.

이러한 배경에서 영국 남부 해안 도시인 사우샘프턴Southampton에 스피트파이어를 제작한 슈퍼마린Supermarine 항공사가 들어선 것은 결코 우연이 아니었다. 사우샘프턴(런던과 연결되는 항구 도시로 메이플라워Mayflower 호와 타이타닉Titanic 호가 이 도시에서 출항했다)을 가로지르며 흐르는 이첸 강River Itchen은 수상기를 시험하는 데 안성맞춤이었다. 하늘을 나는 기계에 미쳐 있던 모험가 노엘 펨버턴 빌링(Noel Pemberton Billing. 1881~1948)은 이첸 강에서 배를 타다가 비행기 회사 설립을 구상했고, 1912년에 수상기를 만들 작정으로 '물 위에'란 뜻의 '슈퍼마린'이라는 회사를 설립했다.

영국 남중부의 주요 도시인 사우샘프턴. 바다와 접해 있고, 내륙의 이첸 강이 바다로 이어져 있다. 이처럼 도시의 주요 산업은 바다와 밀접하게 관련되어 있다.

영국이 기계 공학 분야에서 최고 전성기를 누리는 거의 마지막 시점 — 이후에 독일 그리고 미국이 기계 공학의 최고 기술국이 될 것이다 — 인 무렵, 영국 스태퍼드셔Staffordshire에서 태어난 레지널드 미첼

레지널드 미첼

(Reginald Joseph Mitchell, 1895~1937)은 고등학교를 마치고 기관차 설계 견습생으로 사회에 첫발을 내딛었다. 비록 그림을 잘 그렸고 수학을 잘했던 학생이었지만, 처음 이 직업을 선택한 것은 순전히 당시 '괜찮은' 직장으로 아버지가 강력하게 추천했기 때문이다. 자신의 성격과 잘 맞지 않았지만 경험과 이론을 모두 쌓으면 괜찮은 직업이 될 것이라는 아버지의 조언이 있었다.

5년 동안 설계 견습생으로 현장 경험을 쌓고, 야간학교에 다니며 기계 제도, 고등 수학, 기계 공학 등을 배우면서 이때 비로소 자신이 이 분야에 자질이 있다는 것을 알게 되었다. 특히 수학에 뛰어난 실력을 보이면서 여러 상을 수상하기도 했다. 21세가 되던 해에 직장을 옮길 생각으로 다른 회사를 찾다가 고등학교 때 관심이 많았던 비행기를 만드는 슈퍼마린 사에 취직하게 되었다. 너무나 기쁜 나머지 면접 후에 고향으로 가지 않고 곧바로 사우샘프턴에 살 곳을 마련했다.

설계 조수로 입사하여, 마침내 3년 만에 수석 엔지니어chief engineer가 된다. 그의 나이 겨우 25세였다. 그는 엔지니어로서 뛰어난 실력을 인정받았고, 1928년 빅커스Vickers 항공사에서 슈퍼마린 사를 인수하는 조건 가운데 미첼이 회사에서 5년 더 근무해야 한다는 것도 포함되어 있었다.

1920년, 미첼은 영국 정부에서 발주한 수륙양용 비행기 선정 공모에 참여하기도 했다. 그는 자신의 모든 역량을 쏟아부어 롤스로이스Rolls-Royce 엔진을 장착한 복엽기로 2등을 차지했다. 당시 성능이 뛰어나 상금이 4천 파운드에서 8천 파운드로 뛰었다고 한다. 그가 처음 책임을 맡은 이 비행기 설계에서 거둔 성공은 그의 경력에 이정표가 되었다.


## 슈나이더 대회 참가로 수상기 개발

제1차 세계대전이 끝나자 국가의 통제에서 벗어난 슈퍼마린 사는 자력으로 생존해야 했다. 이 작은 회사를 세상에 알리는 가장 빠른 방법은 유명한 대회에 출전하여 우승하는 것이었으므로, 회사는 슈나이더 상 경주대회의 출전을 목표로 했다('슈나이더 상'에 관한 부분은 '속도 경쟁' 편 참조).

1922년, 정부의 지원 없이 슈퍼마린 사는 독자적으로 참가를 검토하고, 3년 전의 비행기를 기초로 450마력 엔진을 장착한 후 동체와 꼬리를 유선형 구조로 개량했다. 목재 골격 날개에 직물을 덮은 이 작은 비행정은 '시라이온Sea Lion 2'라는 이름으로 이탈리아 나폴리에서 열린 슈나이더 상 경주대회에서 간발의 차이로 이탈리아를 앞지르고 우승을 차지한다.

아무도 기대하지 않았던 터라 영국 언론에 대대적으로 보도되었고, 미첼은 확고한 자신감을 가지면서 좀 더 혁신적인 비행기를 개발하기 위해 엔지니어를 영입하고 새로운 도전에 나선다.

이듬해인 1923년, 영국에서 진행된 대회에 미첼은 출력을 550마력으로 높인 엔진을 장착한 비행기를 개량했지만, 새로운 모델로 참여한 미국의 수상 비행기 커티스 R3C가 가볍게 우승을 거머쥔다. 겨우 465마력인 엔진이었지만 속도는 무려 시속 32킬로미터나 더 빠른 비행정이 아닌 수상 비행기였다.

미첼은 자신의 설계 기술이 선진 기술이 아니란 것과 비행정으로는 더이상 경주에서 승산이 없음을 깨닫고는 완전히 새로운 설계를 하기로 결심한다. 그의 이러한 결심이 곧 영국 수상기의 역사를 바꾸는 결정이 되었다.

1924년, 슈나이더 상 경주대회에 참가를 신청한 나라가 없자, 주최국인 미국은 1년을 연기하여 1925년에 대회를 진행했다. 미첼은 이때까지 대세였던 복엽기를 포기하고 단엽기를 선택한다. 이 과감한 결정은 결과적으로 옳았지만, 기술적으로 많은 어려움을 겪었다.

그의 새로운 수상기 S.4는 커티스 비행기를 참고로 하여 금속제 프로펠러, 액랭식 엔진 등을 적용한 것 외에도 많은 혁신적인 기술들이 적용되었다. 날개는 와이어wire나 스트럿strut 지지가 없는 캔틸레버cantilever 구조였으며, 우아한 유선형 기체에 날개 뒤에는 개방형 조종석이 자리했다. 700마력 네이피어 라이언Napier Lion 엔진을 장착했다.

**캔틸레버 날개**: 우리말로 '외팔보'라고 하는 캔틸레버cantilever 구조는 보조적인 구조물을 세우지 않아 공기역학 관점에서는 이상적이었다. 하지만 보조적인 구조물이 없어 튼튼한 구조를 유지하기 어렵고, 슈퍼마린 S.4가 겪었던 것처럼 진동이 일어날 가능성도 높아 기술적인 어려움이 만만치 않았다. 이런 배경으로 캔틸레버는 기계공학에서 전통적으로 주요 연구 주제였다. 다음 그림은 대학교 진동학 교과서에 실린 캔틸레버의 예시이다.

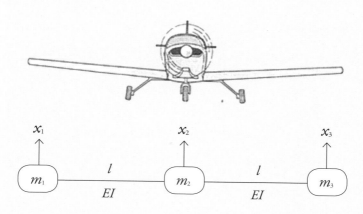

캔틸레버(외팔보)로 단순화된 비행기의 진동 문제.
3개의 질량과 2개의 외팔보로 단순화되어 있다.

합판을 적용한 날개 표피는 힘을 받는 구조(응력 표피)였으며 꼬리 부분도 기체 구조의 일부가 되도록 했다. 제작 기간은 겨우 다섯 달이었지만, 매우 독특한 형태가 모두의 궁금증을 자아냈다. 9월 13일 직선 시험 비행에서 시속 226.75마일(약 365킬로미터) 속도로 비공식 세계 신기록을 세웠다.

하지만 미국 볼티모어Baltimore에서 열린 경주 전날의 시험 비행에서 S.4는 실속(stall. 양력이 급격히 떨어져 비행을 할 수 없는 현상)으로 추락했고 가까스로 파일럿이 구조되었다. 이는 날개 진동에 따른 실속으로 알려졌다.

그해 우승은 미국의 **제임스 둘리틀**James Doolittle이 조종한 복엽기 커티스 R3C-2 레이서Curtiss R3C-2 Racer가 차지했다. 평균속도는 시속 232.57마일(약 374킬로미터)이었다. 미첼은 비록 슈퍼마린 S.4가 실패했지만 단엽기가 경주에 최적이라고 확신했으며, 앞으로 이 점이 증명될 것이라고 믿었다.

미첼은 한 해를 건너뛰고 1927년 이탈리아 베니스에서 열린 대회에 S.5로 참가했다. 이 대회에 참가하기에 앞서 그는 공군과 해군에서 풍동 실험과 수조 실험을 진행했고, 중량과 항력을 줄이기 위한 설계를 진행했다.

처음에는 정부 지원이 어려운 상태였지만—비행기가 시속 260마일(약 420킬로미터) 이상의 속도를 내기 힘들 것이라는 정부의 부정적인 시각이 지배적이었다—군에서 빠른 비행기가 필요하다는 논리에 따라 결국 정부 지원이 이루어졌다.

동체는 알루미늄 합금인 두랄루민으로 하고 네이피어 사의 900마력 엔진을 사용했다. 항력을 줄이기 위해 기체 앞부분을 최대한 작게 했고, 접시머리 리벳을 사용했다. 영국 항공부Air Ministry는 영국 공군 고속 비행팀

제임스 둘리틀(James Doolittle, 애칭은 지미Jimmy. 1896~1993)은 1925년 슈나이더 상 경주대회의 우승자로, 비록 항공기 개발자는 아니었지만 그의 인생은 초기 항공기 개발 역사와 궤를 같이했다. 캘리포니아에서 태어난 그는 제1차 세계대전 기간 동안 조종술을 배웠다.

　조종사이면서 공병 장교이기도 한 그는 1922년, 24시간에 못 미쳐 미국 대륙을 횡단한 최초의 비행사였다. 또한 1920년대에 유명한 곡예비행사였고, 1925년 항공역학 분야에서 최초로 박사학위를 받았으며, 최초의 계기비행 시험 조종사로 이름을 날렸다('계기비행 장치' 부분 참조).

　제2차 세계대전 당시 군에 복귀하여 공군 고급 지휘관으로 복무했다. 일본의 진주만 공습으로 피해를 본 미국이 1942년 보복 공습을 감행할 때 도쿄까지의 장거리 폭격을 지휘했다.

제임스 둘리틀이 커티스 R3C-2 레이서 위에 서 있다.(1925년)

RAF High Speed Flight Team을 공식적으로 조직하여 대회를 지원하게 된다.

약 20만 명이 참관한 베니스 대회에서 이탈리아의 승리를 그 누구도 의심하지 않았지만, 승리는 영국의 웹스터Sidney Webster가 조종한 슈퍼마린 S.5에게 돌아갔다. 평균속도 시속 281.66마일(약 450킬로미터)로 당시 수상과 육상을 통틀어 가장 빠른 세계 신기록이었다.

이때 2년마다 열리는 것으로 규정이 바뀌면서 다음 슈나이더 경주대회는 1929년에 열렸다. 미첼은 새로운 비행기 S.6을 설계했는데, 당시의 가장 큰 변화는 그동안의 네이피어 엔진에서 롤스로이스 엔진으로 바꾼 것이었다. 롤스로이스 엔지니어들은 그들의 엔진으로 비행기 앞쪽에 면적을 크게 차지하지 않고도 엔진 출력을 적어도 1500마력에서 최고 1900마력까지 올릴 수 있다고 판단했다. 여기에 공기를 압축하여 공급하는 슈퍼차저supercharger 기술이 적용되었다.

100시간의 내구시험을 통과한 날렵한 롤스로이스 R 엔진에 걸맞게 미첼은 S.6을 설계했다. 형태는 S.5와 아주 비슷했지만 새로운 엔진 출력에 따라 비행기의 몸체가 더 커졌으며, 날개와 동체는 모두 두랄루민 합금으로 제작되었다.

1929년 9월 7일, 영국 왕세자가 항공모함 아거스Argus 호에서 참관한 가운데 영국 사우샘프턴에서 열린 이 대회에서 평균속도 시속 328.63마일(약 530킬로미터)라는 압도적인 속도로 S.6이 우승했다. 이 대회의 성공으로 미첼은 여러 회사에서 새로운 자리를 제안받지만, 그는 흔들리지 않고 다음 대회를 준비했다.

당시는 경제공황의 시대로 영국에도 실업자가 넘쳐 났다. 미첼은 더 빠른 비행기를 설계할 자신이 있었고 공군도 이를 원했지만, 1931년 1월

슈퍼마린 S.6B. 나중에 제작되는 스피트파이어와 어딘가 비슷한 느낌을 준다.

노동당 정부는 비행기 제작에 필요한 10만 파운드를 더 급한 곳에 써야 한다며 자금 지원을 거절했다. 이러한 정부 결정으로 각계의 비난이 쏟아졌지만 정부의 결정은 바뀌지 않았다.

구원은 뜻하지 않은 곳에서 이루어졌다. 루시 휴스턴Lucy Houston 여사가 10만 파운드를 자발적으로 지원한 것이었다. 백만장자 미망인으로 애국심이 강했던 그녀는, 일류국가인 영국인의 자긍심을 지켜야 한다며 지원을 약속했다.

시간이 많지 않았던 미첼은 이전의 S.6을 개량하여 S.6B로 1931년 대회에 참가했다. 롤스로이스 R 엔진의 출력을 기존 1900마력에서 2350마력까지 올렸으며, 이에 따른 설계 변경이 이루어졌다.

프랑스와 이탈리아가 출전을 포기하면서 행사는 영국 단독 참가로 진행되었다. 이탈리아는 마키Macchi M.C. 72라는 혁신적인 비행기를 준비했으나 에이스 조종사의 사망으로 참여하지 못했다. 이 대회에서 부스먼 John Nelson Boothman이 조종한 S.6B이 당연히 우승을 차지했다(평균 시속 340.08마일 약 550킬로미터).

내심 시속 400마일 달성을 기대했던 롤스로이스 사는 이 기록이 만족스럽지 않았으며, 스테인포스George Hedley Stainforth가 다시 이 비행기를 몰아 드디어 시속 407.5마일(약 655킬로미터)의 신기록을 이루었다.

3년 연속 우승으로 영국은 슈나이더 트로피를 영구 보관하게 되었으며, 1932년 미첼은 버킹검 궁에서 훈작사(CBE, 특별한 공로가 있는 사람에게 주는 영국 훈장)를 수여받았다.

## 비행정 개발

슈퍼마린 사의 목적이 수상기 개발이었던 만큼 미첼 팀은 비행정 개발에도 게을리하지 않았다. 1932년 사우샘프턴 Mk IISouthampton Mk II 호를 개량하여 스캐파Scapa를 제작했으며, 1933년 또 하나의 걸작 월러스(Walrus, '바다코끼리')를 제작했다. 750마력 엔진 하나를 장착한 수륙양용 복엽기로 조종석이 폐쇄식이며 제2차 세계대전에 운용되어 큰 호평을 받았다.

이 비행기는 1933년 6월에 첫 비행을 한 이래 영국, 호주, 뉴질랜드 군에서 다양하게 운용되었고, 최종적으로 746대가 제작되었다.

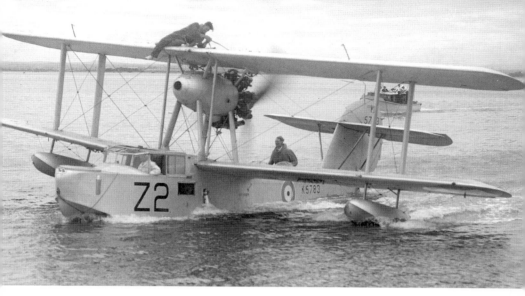

슈퍼마린 사의 월러스 비행정

## 스피트파이어의 탄생

비행기 속도 경주가 한창이었던 무렵에도 독일의 군비 증강에 대한 영국의 우려는 점점 더 깊어졌고, 새로운 항공 전력이 필요하다고 판단했다.

1930년 항공부의 휴 다우딩Hugh Dowding 경이 새로운 주야간 육상 전투기 기준을 제시하자, 슈퍼마린 사는 기준에 걸맞은 전투기를 납품하기 위해 Type 224를 준비했다. 최고속도 기준이 시속 250마일(약 402킬로미터)에 지나지 않자 미첼은 자신감이 넘쳤다.

빅커스Vickers 항공사의 대표 로버트 매클레인Robert McLean 경이 비공식적으로 스피트파이어Spitfire라고 부른 이 비행기는 완전한 실패로 판명되었다. 뿐만 아니라 다른 항공사의 비행기도 기준을 통과하지 못했으며, 오히려 구식 복엽기가 다시 조명을 받는 상황이 되었다.

매클레인 경과 미첼은 항공부에서 제시한 형식적인 기준보다는 좀 더 실질적으로 적을 이길 수 있는 전투기killer fighter가 필요하다는 데 의견을 모았으며, 롤스로이스와 협력하여 민간 차원에서 전투기를 개발하기로 결정했다. 이 결정은 역사적으로 대단히 중요한 사건이었다.

결과적으로 역사적인 전투기 스피트파이어는 민간 기업에서 시작된 셈이었다. 이 전투기에 사용된 롤스로이스 멀린Rolls-Royce Merlin 엔진도 마찬가지였다. 이 결정은 곧바로 항공부에 영향을 주었고, 한 달도 채 안 되어서 새로운 기준에 따라 계약이 진행되었다.

1935년, 1년 내내 미첼은 새로운 전투기인 Type 300의 개발에 매달렸다. 이전에 비해 중요한 설계 변경이 이루어졌다. 항공역학의 전문가 캐나다인 **베벌리 센스턴**Beverley Shenstone의 제안을 받아들여, 직선형이었던

제2차 세계대전을 향해 나아가던 유럽 각국의 엔지니어들이 서로 정보를 교환했을까 하는 궁금증이 생긴다면 답변은 '그렇다'이다. 스피트파이어의 유선형 날개를 설계한 **베벌리 센스턴**은 비록 캐나다인이었지만, 1931년 슈퍼마린 사로 옮기기 전 독일의 융커스 항공사에서 근무했다. 융커스 사는 당시 가장 큰 항공기 제작사로 그의 경력은 슈퍼마린 사에 확실한 도움이 되었다.

또한 빅커스 사의 수석 테스트 파일럿인 머트 서머스Mutt Summers는 개인적인 연락망으로 독일 항공 산업에 관한 이야기를 듣고 있었다. 1936년, 롤스로이스 사는 독일의 하인켈Heinkel 사에서 설계한 He 70을 구입하여 시험해 보았고, 미첼은 이 비행기에서 새로운 아이디어를 얻으려고도 했다. 한편 포케-불프 Fw 190은 스피트파이어를 참고한 것으로 알려졌다.

날개를 타원형으로 바꾸면서 그 유명한 스피트파이어의 날개 형상이 탄생했다. 슬라이드 방식의 캐노피는 유선형으로 하여 모든 방향에서 시야를 확보할 수 있게 했다. 마지막으로 롤스로이스 엔진 PV 12(PV는 private venture의 약자로 '민간 자본'을 의미)를 장착했다. 바로 스피트파이어의 운명을 바꾼 멀린Merlin 엔진이다.

롤스로이스 멀린 엔진은 영국을 구한 엔진이라고 해도 지나친 표현이 아닐 것이다. 제2차 세계대전 당시 인라인inline 액랭식 엔진 중에서 가장 뛰어난 엔진이었다. 이 엔진은 스피트파이어, 호커 허리케인Hawker Hurricane과 같은 전투기, 아브로 랭커스터Avro Lancaster 같은 폭격기 등 많은 영국 비행기에 장착되었다.

구조적으로는 보통의 자동차 엔진과 다르지 않지만, V자 대형의 12기통(V-12)에 슈퍼차저로 압축한 공기를 미리 흡입하여 공기가 희박한 높은 고도에서도 출력을 유지하고, 감속 기어로 프로펠러 구동 효율을 높이도록 설계되었다. 개발 초 1000마력에서부터 시작하여 마지막에는 출력을 2000마력까지 높였다.

미국에서 새로 개발한 머스탱Mustang 전투기가 성능을 충분히 내지 못하자 자국 엔진 대신 이 엔진을 장착하면서 비로소 성능을 발휘하게 되었다고 한다. 미국에서도 이 엔진을 면허 생산했다.

1935년 여름 시제기가 제작

롤스로이스 멀린 엔진

비행 중인 스피트파이어(최고속도 594km/h, 1480마력 롤스로이스 멀린 엔진). 날개가 타원형이라 확연히 알아볼 수 있다.

되었고, 1936년 3월 5일 오후에 초도 비행을 했다. 비행기 이름을 다시 스피트파이어로 붙였는데, 예전에 실패한 비행기와 이름이 같아 미첼은 별로 좋아하지 않았다.

사고를 우려하여 착륙 장치를 접지 않은 상태에서 비행 속도는 시속 350마일(약 563킬로미터)로, 초도 비행은 성공적이었다. 조종을 한 머트 서머스의 비행 소감은 "더 이상 수정이 필요 없다"였다. 물론 성능 개선을 위해 많은 수정이 필요했다.

이후 영국 공군의 시험을 통과하고 1936년 6월, 310대가 처음으로 생산되었다. 초도 비행 이후 겨우 3개월 만에 이루어진 이례적인 대량 생산이었다. 히틀러가 영구 비무장지역인 라인란트Rheinland를 침공하는 등 정세가 급박하기도 했지만, 비행기 성능에 대한 확신이 있어 이러한 결정이 가능했다.

## 암을 이겨내지 못하다

영국 항공부에서 요구한 새로운 전투기 설계에 매달리고 있을 즈음인 1933년 8월 미첼은 직장암 제거 수술을 받았다. 움직임의 제약이 심한 인공 항문을 단 상태에서도 그는 연구를 계속했다. 의사는 즉시 일에서 손을 떼라고 강력하게 권했지만 그는 아무것도 하지 않고 가만히 있는 성격이 아니었다.

그러한 상태에서 1934년에 조종사 자격증을 따기도 했다. 1936년 암이 재발하자 그는 더 이상 연구를 계속할 수 없었지만, 스피트파이어의 시험은 계속 지켜볼 수는 있었다. 1937년 4월 스위스에서 마지막 치료를 했지만 가망이 없었다. 다시 집으로 돌아온 그는 6월 11일 세상을 떠났다. 그의 나이 겨우 43세였다.

## 영국을 구한 스피트파이어

1939년 9월, 제2차 세계대전이 발발했을 때 영국에서 보유한 스피트파이어는 겨우 400대였다. 영국 공군은 됭케르크Dunquerque 철수 작전(2017년, 이 지명의 영어 이름으로 영화 'Dunkirk'가 발표되었고, 영화에서 스피트파이어가 주요 역할을 한다)에 스피트파이어를 투입하고 나서야 이 비행기의 진가를 실감하게 된다. 영국 정부는 이 전투 이전에는 스피트파이어가 호커 허리케인과 거의 같은 수준의 비행기라고 판단했다.

그러나 이 전투기로부터 영국이 진정으로 구원을 받은 전투는 바로 영국 본토에서 벌어진 공중전(브리튼 전투Battle of Britain. 영국은 본토에서 적군과 싸운 적이 없었으므로 영국 영공에서 벌어진 최초의 공중전을 '브리튼 전투'라고 이름 붙였다)이었다.

해군으로는 영국을 이길 수 없다고 판단한 히틀러는 공군력으로는 이길 수 있다고 판단했다. 1940년 7월 10일부터 시작된 이 전투에서, 독일은 영국을 이길 수 없었다. 여기에는 독일 지휘부의 오판과 자만도 한몫했다.

영국 공군은 전투에서 스피트파이어와 허리케인의 부족한 점들을 잘 보완하여 운용했다. 개전 초 허리케인의 수는 스피트파이어의 두 배에 이르렀지만, 전쟁이 진행되는 동안 스피트파이어를 재빠르게 생산했다.

두 전투기의 성능 차이는 곧 전술 차이로 이어졌고, 스피트파이어는 독일 전투기에 대응하는 공중전에서 뛰어난 성능을 발휘했다. 연합군이 노르망디 상륙작전을 계획할 때 이 스피트파이어의 작전 반경에 포함되는지가 상륙지점 선정의 첫 번째 조건이었다. 그만큼 제2차 세계대전에서 이 전투기의 역할이 컸다.

뛰어난 기동성 덕분에 전투 승률이 높았고 생존율도 높았다. 전쟁이 지속되는 동안 슈퍼마린과 롤스로이스 두 회사의 협력은 절대적이었다. 선진적인 설계와 구조적인 장점으로 스피트파이어는 계속 높아지는 롤스로이스의 엔진 출력을 거뜬히 견뎌냈고, 모두 52가지 개량형이 제작되면서 꾸준히 성능이 향상되었다.

이 전투기는 약 2만 2000대가 생산되어 1961년까지 일부 국가에서 현역 전투기로 사용되었고, 지금은 영국인들이 가장 사랑하는 전투기로 기억 속에 남아 있다.

**10**

# 제2차 세계대전사에
# 기억할 만한 항공기들

■ ■ ■

제2차 세계대전에는 수많은 항공기들이 운용되었다. 처음부터 목적에 맞게 개발되거나 필요에 따라 변형되어 사용되기도 했다. 공군은 육군과 해군을 지원해 주던 예전의 수준에서 완전히 벗어나 독립된 군으로서 작전이 가능하게 되었다. 전략폭격 개념이 확장되어 후방이 따로 없었으며, 결과적으로 엄청난 인명 피해를 가져 왔다.

독일은 제1차 세계대전과 마찬가지로 물량면에서 결코 영국과 미국을 이길 수 없었고, 추축국Axis Powers 이탈리아와 일본의 기술은 결론적으로 연합국을 따라갈 수 없었다. 지금부터 제2차 세계대전에 운용되었던 대표적인 항공기를 살펴보면서 기술 수준을 가늠해 보기로 한다.

'들어가는 글'에서 밝혔듯이 항공기에 관한 이야기가 이 책의 목적은 아니지만, 앞서 다룬 제1차 세계대전 때의 항공기와 비교해 보면 비약적인 발전을 실감할 수 있다. 여기에 소개하는 항공기는 아주 일부분임은 두말할 필요도 없다.

제2차 세계대전 동안 독일의 군용기 생산량은 19만 대에 이르렀다. 영국은 이에 못 미치는 13만 대 수준이었지만, 미국이 무려 32만 대를 생산하여 독일, 이탈리아, 일본을 모두 합친 수보다 더 많이 생산했다.

1939년 미국의 항공기 제작 대수는 500대 수준에 그쳤지만, 이미 제조업 수준에서 유럽보다 훨씬 앞선 미국은 빠르게 항공기 대량 생산에 대응할 수 있었다. 영국은 여성을 포함하는 전시 동원 체제를 이용했지만, 나치 독일은 여성을 전시 업무에 동원하는 것을 장려하지 않았다.

## 메서슈미트의 Bf 109

1935년, 독일군에 정식으로 채택되기 위해 경쟁을 벌였던 메서슈미트Messerschmitt 제조사의 Bf 109는 다른 비행기들보다 뛰어난 핸들링과 높은 성능으로 독일 공군의 새로운 단좌·단엽 전투기로 채택되었다. 완전 금속 단엽기 설계로, 작고 가벼운 구조 그리고 얇은 날개 단면 등의 혁신적인 전투기였다.

폐쇄형 조종석, 프로펠러 전기 시동 등이 새로이 적용되었다. 최대속도에 최적화된 날개와, 형상을 바꿀 수 있게 날개 앞전 슬랫slat과 슬롯slot, 플랩flap을 사용하여 착륙시의 저속에 적합하도록 작동했다. 단점으로는 꺾쇠로 연결된 창문 때문에 조종석의 전방 시야가 나빴고, 날개가

메서슈미트 Bf 109(1943년. 최고속도 570km/h, 1150마력 다임러-벤츠 V12 엔진)

얇아 기총이나 기관포를 거치하기에 너무 약했다. 이 때문에 착륙 장치를 날개보다 동체 가까이 배치하게 되어 지상에서 조종이 어려워졌고, 이에 전복 사고가 빈번하게 일어났다.

1938년의 109E 형은 진정한 첫 번째 대량 생산 모델이자 가장 유명했으며, 종종 영국 공군의 스피트파이어(이 비행기에 관해서는 '미첼' 편 참조)와 대비된다. 스피트파이어의 타이트한 회전 반경 성능은 따라갈 수 없었지만, 급강하할 때는 더 빨랐다. 약 3만 3000대가 제작되었고 1950년대까지 여러 나라에서 운용되었다.

# 노스 아메리칸의 P-51D 머스탱

연합군의 독일 본토의 전략폭격에 맞서 독일은 호위기가 돌아간 뒤 전투기로 폭격기를 공격하는 작전을 펼쳤다. 이에 연합군은 1600킬로미터를 날아가 독일 전투기와 공중전을 할 수 있는 전투기가 절실히 필요했다.

하지만 전쟁 전에는 장거리 호위기의 필요성을 예견하지 못했던 탓에 오랜 시간을 투입해 개발과 생산을 해도 목표에 걸맞은 비행기를 제작하지 못할 상황이었다. 따라서 이러한 목표에 걸맞은 전투기를 얻은 것은 우연에 가까웠다.

P-51D 머스탱Mustang 전투기의 설계 요구는 영국에서 제시했고, 미국 제품의 앨리슨Allison 엔진을 장착한 1940년 첫 비행에서 실패한 전투기라는 평가 판정을 받았다. 그러나 롤스로이스 사의 테스트 조종사가 제의한 대로 스피트파이어에 사용한 롤스로이스 패커드 멀린 엔진을 장착했다. 이로써 미국 노스 아메리칸 항공사에서 설계한 동체에 영국 엔진을 장착한, 이 전쟁에서 가장 뛰어난 전투기가 탄생했다. 항력이 작은 날개와 동체의 조합으로 스피트파이어보다 더 빠르고 더 멀리 날 수 있게 되었다.

1943년 10월, 전투기 호위가 없었던 B-17과 B-24가 대량 손실을 입자 미국의 전략폭격 작전은 중지되었지만, 1944년 2월 이 전투기로 호위를 함으로써 재개되었다. 낙하 연료 탱크를 장착한 P-51 머스탱은 베를린까지 날 수 있었고, 심지어 그 먼 거리에도 시속 700킬로미터 이상의 속도를 내는 등, 성능은 Bf 109와 Fw 190 같은 대부분의 독일 전투기보다 우위에 있었다.

한국전쟁에서 국군의 주력 전투기로 사용된 P-51D 머스탱(최고속도 703km/h, 1490마력 패커드 멀린 엔진)

이 전투기는 대한민국 공군 최초의 전투기로, 한국전쟁 초기에 주력 전투기로 운용되었다.

## 포케-불프의 Fw 190

포케-불프Focke-Wulf의 Fw 190은 메서슈미트의 Bf 109와 더불어 나치 독일이 전쟁 초기에 제공권을 유지하는 데 중추적인 역할을 한 전투기이다. 이 전투기는 1941년 이후에 운용되었는데, 유선형 기체에 BMW 801 레이디얼 엔진을 장착하여 빠르고 강했다. 게다가 중무장이 가능했고, 모든 방향에서 시야를 확보할 수 있었다.

독일의 유능한 항공기 엔지니어 쿠르트 탕크Kurt Tank는 당대에 이미 알

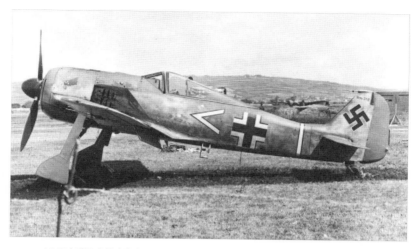

1942년 영국에 불시착한 포케-불프 Fw 190A(최고속도 653km/h, 1700마력 공랭식 BMW 레이디얼 엔진)

려진 스피트파이어나 Bf 109의 단점을 보완한 이 전투기가 특히 열악한 전투 환경에서 신뢰성이 높기를 바랐다. 대전 초기 영국의 스피트파이어보다 성능이 우세했고, 이 우세한 성능은 1942년 스피트파이어가 Mk IX형으로 개량되기 전까지 유지되었다. 메서슈미트의 Bf 109보다 모든 면에서 우수했지만, 독일 공군은 이 전투기로 전부 교체하지 못했다. 아무튼 독일이 전쟁 중에 생산한 가장 좋은 전투기였다고 할 수 있었다.


## 플라잉 포트리스 B-17

이미 1935년에 초도 비행을 한 플라잉 포트리스Flying Fortress B-17은 강력한 방어력과 뛰어난 내구력으로 생존율이 다른 폭격기보다 높았다. 세

플라잉 포트리스 B-17 E(최고속도 486km/h, 4발 라이트 R 엔진 1200마력, 폭탄 적재량 2724kg G형)

계 최초로 터보차저 엔진을 장착했으므로 성능면에서 우수할 것이라는 기대가 높았다. 원래 미국 해안 초계를 목적으로 설계되었기 때문에 전쟁에 투입하려면 방어 능력과 무장을 크게 보강해야 했다.

'날아다니는 요새Flying Fortress'라는 이름은 시제기를 본 기자가 붙인 이름을 그대로 정식 명칭으로 사용한 것에서 유래했다. 폭탄 적재량은 영국제 아브로 랭커스터Avro Lancaster의 절반밖에 되지 않았고, 승무원 10명을 태우기에는 공간이 매우 좁다. 또 여압 장치(기내의 공기 압력을 대기압으로 유지시켜 주는 장치)가 없어 비행 자체가 승무원들에게 매우 고통스러웠음에도 뛰어난 생존력 덕분에 승무원들의 신뢰가 높았다.

그렇기는 해도 1943년 가을 즈음에 시행한 독일 공습에서 독일 요격 미국 제8 항공군이 B-17을 이용해 독일 중부의 슈바인푸르트Schweinfurt 지역에 감행했던 폭격은 연합군의 전략폭격 작전에서 최악의 작전에 속했다. 1943년 8월 17일, 이 지역의 볼 베어링 공장을 폭격한 B-17 229대 가운데 36 대가 격추되어 손실률이 폭격기 사령부의 허용치인 5퍼센트를 넘어 무려 세 배에 달했다. 게다가 귀환한 폭격기 60대는 수리도 할 수 없는 상태였다. 독일 접경까지는 호위를 받았지만, 이후 호위 없이 진행한 폭격에서 요격 전투기의 공격에 속수무책이었다. 이 작전을 계기로 호위 없는 폭격은 중지할 수밖에 없었다.

기의 격추에 따른 피해가 너무 컸던 탓에 1944년이 되어서야 머스탱 전투기의 호위를 받으며 다시 폭격에 투입되었다. 이 폭격기는 태평양 전쟁의 미드웨이 해전 당시 일본 해군을 공격하는 데 운용되었다. 초기에는 앞쪽에 무장이 되지 않아 적기의 앞쪽 공격에 취약할 수밖에 없었다. 1943년 가을이 되어서야 G형의 앞쪽에 회전 포탑이 장착되어 대응 공격이 가능해졌다.

## 아브로 랭커스터

아브로Avro 항공사는 제1차 세계대전 이전부터 항공기를 제작했으며, 아브로 랭커스터Avro Lancaster는 가장 성공을 거둔 폭격기로 평가한다. 이전의 성공적이지 못했던 쌍발기 아브로 맨체스터Avro Manchester를 개량한

아브로 랭커스터(최고속도 434km/h, 4발 롤스로이스 멀린 엔진 1390마력, 폭탄 적재량 6350kg)

이 4발 엔진 폭격기는 1942년 4월에 처음 작전에 투입되었고, 폭격기 승무원들에게 폭넓은 지지를 받았다.

적합한 엔진을 찾는 데 문제만 없었다면 전쟁 개시부터 운용이 가능했을 것이다. 강력한 롤스로이스 멀린 엔진을 채택하여 미국의 B-17이나 B-24보다 적재량(이 폭격기의 폭탄 적재량은 B-17의 두 배에 이르렀다)과 항속 거리가 훨씬 뛰어났다.

인력이 부족했던 영국은 미국이 운용하던 10명 승무원 체제를 운영하지 못해 보통 7명 승무원 체제(파일럿, 항공 기술자, 무선기사, 항법사, 폭격수, 2명의 사수)를 유지했고, 미군 폭격기보다 적은 기총수를 보유했다.

비록 파일럿이 기장이었지만 그는 하사였고, 다른 승무원(예를 들면 항법사)들은 장교였다. 후방과 중앙 위의 총좌 사수는 항공기의 좋지 않은 위치에 앉아 오랜 시간 추위에 떨면서 마스크로 산소를 들이마시며 단지 이어폰으로만 동료와 연락할 수 있었다.

독일의 댐을 파괴하기 위한 작전에 투입된 것으로도 유명했고, 미국 폭격기에 비해 무장이 불리했으므로 특히 전쟁 후기에는 낮보다는 야간 폭격기로 명성을 날렸다.

미국과 영국에서 이러한 뛰어난 장거리 폭격기를 개발할 수 있었던 것은, 앞에서도 말했듯이 장거리 수송용 비행기 개발에 몰두했던 미국의 앞선 노력과, 전 세계를 상대로 해군을 운용했듯이 항공 전력을 '하늘의 배'로 활용할 수 있다는 영국의 뛰어난 통찰력 때문이었다.

이에 반해 독일은 공군을 창설한 1934년 시점에 이미 장거리 폭격기가 필요하다고 생각은 했지만, 기술적인 수준에서 이룰 수 없다고 판단했다. 따라서 공군은 기본적으로 육군을 지원하는 수준에서 운용되었다. 독일도 전쟁 중반에 전략폭격을 시행했지만 준비 부족으로 성공하지 못했다.


## 메서슈미트 Me 262 슈발베

제2차 세계대전 후반, 연합군에 밀리던 전세를 뒤엎을 방법이 될 수 있을지도 모를, 이전과는 전혀 다른 제트 비행기의 개발을 독일은 간절히 원했다. 이러한 염원과는 달리 개발은 절망적으로 계속 지연되었다. 동체는 이미 1941년에 준비되었지만 적당한 엔진을 장착하는 데 시간이 걸렸다(독일은 제2차 세계대전 발발 직전 제트 비행기 시험에 이미 성공했지만 실용적인 항공

메서슈미트 Me 262 슈발베(최고속도 870km/h, 2발 융커스 유모Jumo 엔진, 추력 900kg)

기 제작은 계속 지연되었다).

독일 방공 책임자 아돌프 갈란트Adolf Galland는 1943년 5월 제트 엔진을 장착한 메서슈미트 Me 262 슈발베(Schwalbe, '제비'라는 뜻)를 처음 조종하면서 천사가 당기는 것 같다고 감탄했다. 당시 연합군의 프로펠러 추진기보다 시속 160킬로미터 이상 빨랐으므로 자신이 찾던 바로 그 방어 무기라고 확신했다. 이후에 연합군이 모방하게 될 혁신적인 후퇴익(날개의 앞가장자리 선이 끝으로 갈수록 뒤로 처진 모양)의 날개와 착륙 바퀴가 동체 뒤쪽이 아닌 앞쪽에 장착되어 있었다.

갈란트는 대량 생산으로 독일 전역을 방어하고 싶었지만, 히틀러가 공격으로 성공을 거둘 수 있는 비밀무기에 집착하여 폭격기로 개발하고자 했다. 처음부터 전투기로 설계되었기에 폭격기로 전환하는 것은 사실상 불가능했다. 이러한 정치적인 문제와 독일 국내 생산력이 떨어져 1944년까지 생산이 늦춰졌다.

전투기로서도 아직 해결되지 않은 문제가 많았다. 착륙 속도가 높았던 탓에 타이어가 터지기 쉬웠고, 엔진에서 불꽃이 터져 나오는 것은 일상이었다. 속도 면에서 불리한 연합군은 이 전투기가 이륙하기 전이나 착륙 직전에 비행장을 급습하여 타격을 가할 수도 있었다. 제트 비행기의 기동성이 프로펠러 비행기만큼 뛰어나지 못했기 때문이다.

그럼에도 Me 262는 연합군에 타격을 주었다. 전쟁 마지막 달에 갈란 트는 편대 사령관으로 복귀하여 제트 전투기 부대인 JV 44를 꾸려 마지막 방어를 시도했지만 시기적으로 너무 늦었다.


## 미쓰비시 A6M5 레이센


모든 일본 전투기 가운데 가장 유명한 미쓰비시Mitsubishi A6M5 레이센Reisen이 1940년에 등장하자마자, 태평양의 모든 연합군 전투기를 압도했다. 호리코시 지로(堀越二郎, 1903~1982)의 설계로 개발된 이 전투기는 '0식 함상전투기零式艦上戰鬪機'로 영어식과 일본어식 발음을 섞어 '제로센(Zerosen, 0戰)' 또는 '레이센(Reisen, 零戰)'이라고 불렀다. '零式'은 1940년이 일본의 초대 천황이 즉위한 지 2600년이 되는 해임을 기념하기 위해 마지막 숫자를 따서 붙인 이름이라고 한다.

진주만 습격으로 시작된 태평양전쟁 초기 1, 2년 동안 이 날렵한 전투기의 놀라운 기동성(최고속도 시속 557킬로미터)과 뛰어난 항속 거리로 미국 전투기는 고전을 면치 못했다. 전쟁 초기의 이런 깊은 인상—동네 골목

비행 중인 제로센(2004년. 최고속도 557km/h, 나카지마 레이디얼 엔진 1300마력).

대장 정도로 여겼던 동양의 작은 나라에서 이런 비행기를 만들었다는 놀라움에서 비롯된—은 현재까지도 남아 있어 영화나 다큐멘터리의 소재로 자주 등장한다.

　그러나 실제로 제로센은 엔진 출력(1000마력)이 같은 여느 전투기에 비해 뛰어나지 않았다. 중량(약 1900킬로그램)을 줄이려고 파일럿의 방호장비를 떼어내는 등의 약점이 있는 비행기였다.

　미군은 처음에는 전투기 두 대가 짝으로 응전하는 전술적인 대응—태치 위브tachi weave로 알려진 전술. 곧 두 대가 짝을 지어서 지그재그로 서로 보호해 주면서 날다가 제로센이 따라붙으면 미 전투기 한 대가 뒤로 슬쩍 빠져서 제로센 뒤를 치는 전술이다—으로, 곧 이어 항공 기술 발전으로 그 우위를 회복한다.

　1943년에 이르면 제로센은 코세어Corsair나 헬캣Hellcat처럼 엔진 출력이

창공을 가르는 F4U-1 코세어
전투기 편대 17(VF-17)

미 해군의 F6F-3 헬캣

2000마력이 넘는 미국의 우수한 전투기를 결코 이겨낼 수 없었다. 예를 들면 코세어는 4000킬로그램이 넘는 중량에도 최고속도가 시속 750킬로미터 이상이었고, 헬캣은 파일럿을 보호하기 위해 무려 90킬로그램이 넘는 방호 장비로 웬만한 공격에도 견딜 수 있게 했다.

이처럼 일본은 기술적으로 상대방을 뛰어넘을 수 없었고, 구식이 되어버린 이 제로센 전투기를 전쟁 막바지까지 운용할 수밖에 없었다. 일본의 대응은 익히 알려진 대로이다.

애초 일본은 엘리트 위주로 조종사를 양성했기 때문에 미국처럼 대대적으로 양성하는 인적 자원을 감당할 수 없었다. 전투기 자체가 방호 능력이 부족했음에도 1944년 오니시 다케지로大西瀧治郎 제독의 주창으로 시작된 '가미카제 전술(폭탄이 장착된 비행기를 모는 자살 공격)'로 최악의 수를 두고 말았다.

그나마 남아 있는 일본의 조종사 인력 자원이 빠르게 고갈되었다. 이 전술의 심리적인 영향은 상상을 초월했고, 미국 전함 34척이 침몰하는 등 처음에는 피해가 컸다. 하지만 가미카제 조종사는 금방 소진되었고, 미국은 전열을 갖춰 조직적으로 대응했다. 소중한 생명을 지키기 위한 미 병사들의 노력으로 마침내 승리를 거두었다.

**11**

# 미국 항공 기술의 발전을 주도한 인물들

■ ■ ■

제2차 세계대전을 거치면서 이제 국력으로 보나 항공 기술 관점으로 보나 미국이 기존의 선진국을 앞서게 된 것은 분명했다. 그동안 미국은 구소련, 영국과 마찬가지로 독일이 개발한 제트기 기술이나 로켓 기술을 잘 활용해 왔다. 하지만 거대한 경제 규모를 바탕으로 구소련과 영국을 추월했으며, 항공 기술 분야에서 여러 제작회사가 경쟁하면서 세계를 압도하기 시작했다.

미국은 전쟁 이후의 냉전 시대에 구소련과의 기술 경쟁과 맞물리면서 기술의 진보가 촉진되었다. 또 국가적으로 NASA와 같은 기구를 만들어 기술을 선도했고, 전 세계적으로 뛰어난 엔지니어들을 자국으로 끌어들였다. 국가의 통제 아래 기술을 발전시킨 구소련과, 항공기 개발에 그나마 노하우를 지녔던 프랑스와 영국 정도만이 미국을 부지런히 쫓아갈 수 있었을 뿐이다.

이 장에서는 미국의 항공 기술을 발전시킨 인물 가운데 대표적으로 알려진 몇 사람을 살펴보기로 한다.

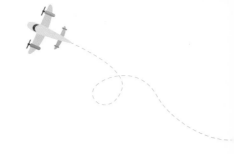

# 잭 노스럽

2014년, 대한민국 정부는 록히드마틴 Lockheed Martin 사의 F-35A를 구입하기로 결정했다. 세계에서 가장 비싼 전투기를 제작하는 록히드마틴 항공사의 전신 중 하나인 록히드Lockheed 항공사는 1926년 앨런 록히드(Allan Loughead, 1889~1969)와 잭 노스럽(Jack Northrop, 1895~1981)이 의기 투합하여 세운 회사이다.

노스럽은 고등학교 물리 교육 이외엔 특별한 공학 교육을 받은 적이 없었고,

잭 노스럽

우연히 비행기 설계 일을 하게 되었다. 그는 나중에 자신의 회사를 세우지만 사실상 록히드 항공사의 기틀을 다진 출중한 엔지니어였다.

이 회사의 성공작은 앞에서도 다룬 베가Vega 비행기였다. 이 비행기는 스트럿이 없는 유선형 모노코크 동체, 엔진 고깔 카울을 씌운 당대의 가장 선진적인 설계 기술이 적용되었다. 이 항공기의 수석 설계자였던 그는 후고 융커스가 제안한 전익 항공기를 처음 설계했다. 이 항공기 개발이 일생의 소명이라고 생각한 그는, 이후 25년 동안 그 도전을 멈추지 않았다.

비행 중인 P-61 블랙 위도우. 이 전투기에는 파
일럿, 레이더 조작병, 사수가 탑승한다.

미국의 전략폭격기 노스럽 B-2

비행 중인 전익기 형태의 YB-49(1947년)

자기 이름을 딴 회사를 차린 후, 제2차 세계대전 기간 동안 P-61 블랙 위도우Black Widow 같은 뛰어난 항공기를 설계했다. P-61은 레이더를 장착한 야간 전투기로, 공개적으로 설계한 최초의 항공기였다. 그러는 동안에도 그는 전익 항공기 형상의 항공기가 다음 세대에 주류가 되리라는 확신으로 시험기를 제작했다. 전익 항공기 그리고 낮은 항력과 양력이 높은 항공기에 대한 그의 신념은 끝내 노스럽 항공사에 큰 손해만을 안겨 주고 결실을 맺지 못했다.

그럼에도 NASA에서는 그의 신념을 이룰 수 있도록 뒷받침해 주었고, 그는 세상을 떠나기 직전 자신의 아이디어와 유사한 전략폭격기 B-2의 설계와 소형 모델을 볼 수 있었다. 한동안 미국에서 그 존재를 부인했던, 가장 비밀스러운 이 노스럽 사의 스텔스 폭격기는 그가 시험했던 YB-49와 날개 길이가 같은 전익 항공기였다.

## 클래런스 '켈리' 존슨

잭 노스럽과 함께 미국 항공 기술사에서 빠질 수 없는 또 하나의 인물은 클래런스 '켈리' 존슨(Clarence 'Kelly' Johnson, 1910~1990)이다. 본명인 클래런스를 줄여 친구들이 여자 이름인 '클라라'라고 부르는 것이 싫어서 스스로 '켈리'라는 이름을 붙였다.

클래런스 존슨

그는 미시간 대학의 대학원 재학 시절에 록히드 항공사의 항공기 풍동 실험에서 개발 중인 비행기가 유체역학적으로 문제가 있음을 파악했고, 록히드에 입사한 후 이를 보고하여 다시 대학에서 이 문제와 관련한 시험을 계속하게 된다. 그리고 현재 보기에도 독특한 H 형의 꼬리 날개를 제안했으며, 이는 성공적인 것으로 평가받는다.

록히드 사의 혁신적인 많은 비행기들이 그의 주도로 제작되었다. 제2차 세계대전 동안 미국에서 회심의 전투기로 운용한 P-38 라이트닝Lightning 도 그중 하나였다. 동체 두 개와 각 동체에 엔진이 장착된 독특한 형태로, 쌍발 엔진 장착이 필요했던 당시의 요구와 제한된 설계 자유도를 최대한 갖춰 개발한 것으로 알려졌다.

태평양전쟁 작전을 세운 일본의 최고위 지휘관 야마모토 이소로쿠 제독이 1943년 4월 18일 부대 시찰을 하기 위해 비행하다가 이 항공기에 요격되어 사망했다. 그로부터 약 1년여 후 『어린 왕자』의 작가 생텍쥐페리 Antoine de Saint-Exupéry는 이 항공기로 마지막 정찰 비행을 나간 뒤 돌아오지 못했다.

제2차 세계대전 막바지 무렵, 독일에서 먼저 제트 엔진 전투기 개발에 성공하자 미국은 이를 크게 우려했다. 독일과 영국에서 개발한 제트 엔진 기술은 곧 미국에도 전해졌다. 존슨은 6개월이면 제트 전투기를 제작할 수 있다고 했고, 마침내 이 기간에 맞춰 P-80 슈팅 스타Shooting Star가 탄생했다. 1944년 1월, 영국제 엔진을 장착한 전투기는 시험 비행에 성공한다. 아직 초기 형태의 제트기였지만, 한국전쟁에 투입되어 소련의 MiG-15와 전투를 벌였다. 세계 최초의 제트 전투기 공중전이 우리나라 상공에서 이루어진 셈이었다. 당시 한국전에 사용된 주력 전투기는 프로

록히드 P-38 라이트닝(최고속도 666km/h, 2발 1600마력 앨리슨 엔진)

록히드 P-80 슈팅 스타(최고속도 898km/h, 추력 2087kg 앨리슨 터보제트 엔진)

펠러 전투기인 P-51 머스탱이었다.

입사한 지 20년 가까이 될 무렵인 1952년에 수석 엔지니어, 1956년 연구개발 부서의 부소장을 거쳐 1958년 선행 개발담당 부소장으로 승진했다. 이곳이 이른바 '스컹크 워크스Skunk works'로 알려진 록히드 사의 선행 개발부서였다. 이러한 별명이 붙은 이유는 이 부서가 외부 간섭을 최소화하고 비밀리에 진행하기 위해 최소한의 인원으로 꾸려졌기 때문이라는 설이 있고, 이 부서가 자리하고 있는 건물 근처의 플라스틱 공장에서 내뿜는 냄새 때문이라는 설도 있다. 아무튼 그의 지휘 아래 제작된 유명한 항공기로는 U-2, SR-71 등이 있다.

U-2와 SR-71은 모두 고고도 정찰기로, 인공위성이 그 기능을 맡기 이전에 적국을 몰래 정찰하는 데 운용했던 가장 비밀스러운 항공기였다. U-2는 1955년에 초도 비행을 했으며, 날개 길이만 31미터이고 최고 운용 고도는 21킬로미터인 1인용 정찰기였다. 1960년 5월 1일 구소련의 요격으로 격추되기 전까지 그 존재가 알려지지 않았던 항공기였다. 이후 정찰 업무는 SR-71로 이어졌다.

냉전시대에 자란 필자는 미국의 가장 앞선 항공기 기술 하면 SR-71을 떠올린다. 물론 그 은밀한 기술은 자세히 알 수 없었지만, 독특하게 생긴 형태나 놀라운 속도 그리고 블랙 버드black bird라는 잊지 못할 별명으로 깊은 인상을 받았기 때문인 것 같다.

최고속도가 시속 800킬로미터밖에 되지 않았던 U-2기가 격추된 뒤 더 빠른 정찰기로 대체해야 할 필요에 따라 개발되어, 마하 3 이상의 속도와 장거리 비행이 가능했던 이 정찰기는 지대공 미사일 공격에서 쉽게 벗어날 수 있었고, 당시 구소련의 요격기인 MiG-25보다 빨랐다. SR은

U-2 드래건 레이디dragon lady

비행 중인 SR-71(최고속도 마하 3)

Strategic Reconnaissance, 곧 전략정찰이란 의미였다.

당시에도 티타늄이 항공기에 이미 사용되기는 했지만, 공기 마찰에 따른 대응 방안으로 구조물의 85퍼센트 이상을 티타늄으로 쓴 것은 이 항공기가 처음이었다. 나머지 부분도 복합재를 사용했다.

고속에서 표면에 발생하는 열 문제를 해결하기 위해 주름 표면을 사용했다. 이는 마치 1930년대 융커스의 항공기와 비슷한 것 같지만, 역학적 개념은 다르다. 고열이 발생하면 평면에 가까운 기존 설계의 항공기 표면은 오히려 찌그러질 수 있어 주름 표면을 적용한 것이었다. 동체가 보통 고열 상태로 운용되었으므로 이 상태가 설계의 표준 조건이 되었고, 일상적인 운용 조건에서 벗어나는 지상에서는 연료가 새는 것으로도 알려졌다.

1964년부터 운용된 이 항공기는 1998년 퇴역할 때까지 공식적으로 겨우 32대만 제작되었는데, 이처럼 소량 제작의 가장 큰 이유는 비싼 운용 비용 때문이었다. 퇴역 전까지 많은 논란이 있었으나 위성 기술 발전과 무인기의 등장으로 이 비싼 항공기는 결국 물러나게 되었다.

그는 록히드 사에서 공식적으로 1975년에 은퇴했지만 스컹크 워크스에서 컨설턴트로 계속 일했다. 그가 남겨놓은 14가지 운영 규칙 가운데 다음과 같은 글귀가 눈에 띈다.

> ❝ 보고서 숫자는 최소한으로 하되, 중요한 일은 반드시 완벽하게 기록한다. ❞

**12**

초음속의 시대
그리고 협동의 시대

■ ■ ■

초기의 비행기는 날 수 있다는 점만 제외하고, 기계가 얼마나 복잡한지에서 본다면 자동차보다 더 복잡하다고는 할 수 없었다. 하지만 현대의 항공기는 많은 사람을 한꺼번에 실어 나르기 때문에 자칫 단 한 번의 사고로 어마어마한 인명 피해를 가져올 수 있다는 점과 기술 자체가 군사적 우위를 결정하는 중요한 요소가 된다는 점에서, 항공 기술은 모든 공학 기술 중에 가장 첨단을 달리는 기술이 되었다.

광범위한 영역에 걸쳐 있고 첨단을 달리는 현대의 항공 기술은 아무도 가르쳐 주지 않으며, 따라서 그 기술을 터득하려면 값비싼 비용을 치러야만 했다. 음속을 돌파하기 위해 여러 나라가 도전하면서 겪었던 사건들은 이러한 현실을 단편적으로 보여준다. 결론적으로 말한다면, 현대의 항공 기술은 국가적인 수준의 지속적인 지원과, 복잡하게 연관된 수많은 기술을 통합하는 능력이 필요하다고 할 수 있다.

이 책을 마무리하는 이 장에는 이러한 내용들의 연장에서 단편적이나마 엔지니어로서의 필자의 생각을 적어 보았다.

1947년 10월 14일 척 예거(Chuck Yeager, 1923~ )가 벨Bell 항공사의 X-1을 타고 음속을 돌파했다. 뭔가 특별하고 새로운 것을 기대했던 그는 너무나 여유로웠던 비행에 실망감을 표현했다. 엄청난 기술의 장벽은 그렇듯 갑작스럽게 무너지고 또 이루어졌다.

그러나 그 순간까지 도달하기 위해 영국, 러시아 등에서 여러 시험 파일럿들이 목숨을 잃었다. 음속 돌파는 미국의 랭글리 교수가 시험 비행에 실패했을 때와 마찬가지로 많은 사람들이 불가능하다고 믿었던 허물수 없는 커다란 장벽이었다. 이 장벽을 넘어선 초음속 시대는 그렇게 시나브로 우리 삶에 들어왔다.

초음속 시대로 접어들면서, 그리고 냉전의 첨예함이 더해지면서 정교한 비행 기술과 복잡한 시스템이 필요해졌다. 분야별로 필요한 성능과 시스템 개발은 해당 전문가들이 맡게 되었다. 항공기의 중요한 성능, 예를 들면 공력aerodynamic 성능, 충돌 안전 성능, 소음 진동 문제 등등에 저마다 전문가들이 배치되었고, 컴퓨터의 발달에 따라 시험뿐만 아니라 시뮬레이션 전문가가 별도로 필요하게 되었다.

냉전이 끝나고도 상황은 바뀌지 않았다. 시장이라는 어찌 보면 좀 더 냉혹한 현실에 놓이게 된 것이다. 항공기뿐만 아니라 자동차나 선박처럼 사람이 타고 다니는 모든 탈것과 관련한 시장에서 살아남기 위한 경쟁은 매우 치열했다. 상황이 이렇게 변함에 따라 작은 제작회사보다는 큰 회사가 경쟁에서 유리하게 되었고, 항공기 제작회사도 연합과 합병으로 경

척 예거가 '글래머러스 글레니스'라고 이름 붙인 벨 X-1 앞에 서 있다.(1947년)

시험 비행을 위해 모기mothership인 B-50에 장착되기 직전의 시험기 벨 X-3(1951년)

쟁력을 유지하려고 했다. 이는 다른 각도에서 본다면, 이제 라이트 형제나 시코르스키같이 통찰력이 뛰어난 한두 명의 엔지니어가 앞장서서 기술을 이끌어나가기는 어려운 시대가 되었음을 의미한다.

바야흐로 협동의 시대가 된 것이다. 시장에서 살아남으려면 다양한 기술을 계속 개발하고 융합하여 함께 상승효과를 이루는 것이 중요하게 되었다. 새로운 밀레니엄 시대에서, 컴퓨터와 소프트웨어 성능의 놀라운 발전은 인류의 예상을 뛰어넘어 지난날에 불가능하다고 여겼던 기술 개발을 가능하게 하였고, 급기야 인공지능의 시대에 이르게 되었다.

새로운 시대에는 기술을 접하는 방식도 전에 없던 새로운 접근이 필요하게 되었다. 예를 들면, 방대한 데이터베이스를 구축하는 것이 매우 중요한 과제임을 들 수 있다. 오늘날 이러한 기술을 선도하는 기업과 국가의 모습은 항공 기술을 급속히 발전시키던 때의 기업과 국가와 많이 닮아 있다. 특히 기술 개발에서 우위를 지키려고 더 많은, 더 뛰어난 엔지니어들을 보유하려고 엄청난 투자를 하고 있다는 점에서 그렇다. 이러한 점이 공업으로 선진국에 이르게 된 우리의 나아갈 바를 시사하고 있다.

지금은 너무나 당연해 보이는 기술을 성취하기 위해 이름을 남겼거나 또는 이름을 남기지 못한 수많은 기술자들은 어떤 방식으로든 자기 몫을 다했다. 짧은 인류 비행의 역사가 그러한 사람들의 노력으로 이루어진 것처럼, 비슷한 일들이 지금 이 시간에도 모든 분야에서 이루어지고 있다. 그 모든 분야에서 엔지니어 개개인의 역할이 여전히 중요하고, 그들의 역량을 제대로 발휘되도록 시스템을 갖추고 지원하는 일은 국가와 기업체의 중요한 역할이다. 항공 기술의 역사를 간략하게나마 살펴본 이 책에서 이야기하려 하는 것도 이와 다르지 않다.

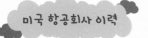
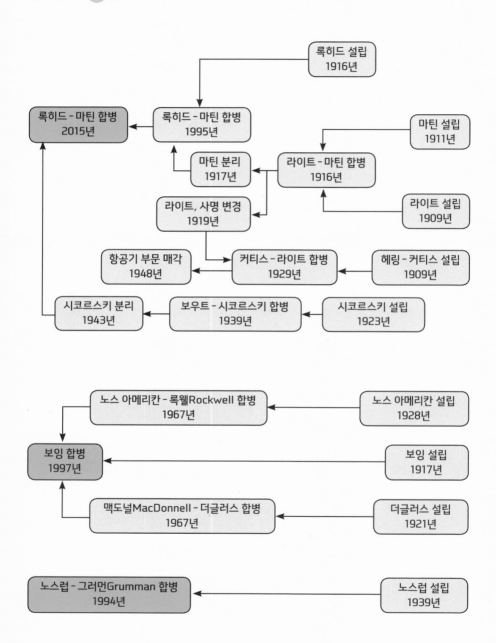

# 사진 출처

15쪽: https://es.wikipedia.org/wiki/Ader_Avion_III ⓒArnaud 25

16쪽: www.lilienthal-museum.de

19쪽: earth-chroniclec.com

26쪽: www.grc.nasa.gov

47쪽: www.wikiwand.com

74쪽(위): https://fr.wikipedia.org/wiki/Bl%C3%A9riot_XI ⓒWuselig

97쪽(위 2컷): www.airships.net

109쪽(2컷): www.plane-encyclopedia.com

113쪽: www.aresgames.eu

132쪽: www.nasa.gov

140쪽: hiveminer.com

144쪽(2컷): www.junkers.de

148쪽(아래): HUGO JUNKERS and his Aircraft

150쪽: HUGO JUNKERS and his Aircraft

164쪽: https://topwar.ru/107465-letayuschaya-lodka-sikorsky-s-40.html

168쪽(아래): https://commons.wikimedia.org

179쪽: Vibration of Mechanical and Structural Systems

185쪽: https://commons.wikimedia.org ⓒ빅토리아 주립도서관 H91.108/2374

198쪽: theaviationist.com

200쪽: www.warplane.com

210쪽(아래): USAF archive.org

213쪽(위): www.warplane.com

# 참고한 도서

가모시타 도키요시 지음, 장민성 옮김, 『전투기 메커니즘 도감』, 이미지 프레임, 2011.

기와노 요시유키 지음, 문우성 옮김, 『도해 전투기』, AK TRIVIA BOOK, 2012.

김덕호 외, 『근대 엔지니어의 탄생』, 에코리브르, 2013.

박영기, 『과학으로 만드는 비행기』, 지성사, 2013.

버나드 몽고메리 지음, 승영조 옮김, 『전쟁의 역사 II』, 책세상, 1995.

알렉산더 스완스턴 & 맬컴 스완스턴 지음, 홍성표 외 옮김, 『아틀라스 세계 항공전사』, 플래닛미디어, 2012.

존 키건 지음, 류한수 옮김, 『2차 세계대전사』, 청어람미디어, 2004.

필립 화이트먼 지음, 이민아·정병선 옮김, 『비행기 대백과사전』, 사이언스북스, 2017.

Alef, D., *Igor I. Sikorsky Big Dreams, Big Planes and the Rise of Helicopters*, Titans of Fortune Publishing, 2011.

Goldstone, L., *BIRDMEN*, Ballantine Books, 2015.

Grant, R. G., *Flight: 100 Years of Aviation*, DK Publishing, 2004.

James M. L., etc., *Vibration of Mechanical and Structural Systems: With Microcomputer Applications*, Harpercollins College Div, 1994.

Ludeke, A., *Weapons of World War II*, Paragon Books, 2010.

Mitchell, G., *R. J. Mitchell: Schooldays to Spitfire*, Tempus, 2006.

Schmitt, G., *HUGO JUNKERS and his Aircraft*, transpress, 1988.

Vissering, H., *Zeppelin: The story of a great achievement*, HardPress Publishing, 2010.